军迷·武器爱好者丛书

支援战机

吕辉 / 编著

辽宁美术出版社

前言
Foreword

从20世纪初美国莱特兄弟第一次使飞机升上天空，到飞机用于军事侦察、空战、支援战斗，由于军用飞机技术对战争产生了巨大而深远的影响，因此使空军最终成为现代战争的主战军种。

其中除了战斗机和轰炸机以及武装直升机外，飞机在战争中的侦察、运输、预警等支援性作用也绝对不容小觑。为了方便介绍，我们将这些起到巨大支援性作用的机种统称为"支援战机"，主要包括侦察机、运输机、预警机等。

侦察敌情可以算是飞机应用于军事上的第一个功能了，于是之后有了专门用于从空中进行侦察、获取情报的军用侦察机。因此它作为军用飞机大家族中历史最长的机种，始终是现代战争中的主要侦察工具之一。

侦察机按任务范围可分为战略侦察机和战术侦察机。战略侦察机多是专门设计的，其主要性能是航程远并且能高空、高速飞行，用以获取战略情报；战术侦察机则通常由战斗机改装而成，具有低空、高速飞行性能，用以获取战役战术情报。

除侦察敌情外，为了在战争发生时能够为己方提供快速反应能力，达到快速多变、先发制人和速战速决的目的，各国也利用飞机来运送军事人员、空投伞兵以及武器装备和给养物资等，这就是军用运输机。

军用运输机有较完善的通信、领航设备，能在昼夜复杂气象条件下飞行，有的还装有自卫武器。因此，它在作战条件下的机场适应性和航路适应性，以及主要通过尽量缩短在战区

起降装卸时间体现的生存能力,决定了它可以作为一种武器系统的效能,在现代战争中具有举足轻重的突出地位。

军用运输机一般分为战略运输机和战术运输机。战略运输机具有较大的载重量和续航能力,能载运部队和各种重型装备,保障地面部队从空中实施快速机动;战术运输机用于战役战术范围内的空运任务,具有短距离起落性能,能在简易机场起落。

现代战争是陆海空立体化的协同作战,为了有效地建立防御、指挥和管制系统,便有了预警飞机。它将雷达探测系统、敌我识别系统、电子侦察和通信侦察系统、导航系统、数据处理系统、通信系统、显示和控制系统等搬到空中,有效地避免了地球曲度限制和地形的影响,起飞后能大大增加雷达的搜索范围和探测距离,增长预警时间,搜索、监视空中或海上目标;而在战斗开始时,预警机又可迅速飞往作战地区,进行警戒和引导己方飞机作战。

预警机由于能够有效地降低敌机低空空防概率,集指挥、情报、通信和控制等系统功能于一身,遂成为军事领域的新宠。

支援战机除了侦察机、军用运输机和预警机外,还有反潜巡逻机、空中加油机、电子对抗飞机、教练机和无人机等。它们曾在现代战争的历史上,对支援防空和配合陆海作战居功至伟。当今世界,和平与发展成为主题,但为了维护和平与主权,这些支援飞机也仍将发挥其重要作用。鉴于此,我们编著了这本"军迷·武器爱好者丛书"《支援战机》,简明扼要地介绍各种支援战机的历史及其特点,满足广大军迷的知识需求。

目 录
Contents

支援战机的历史 / 8

RB-57D "堪培拉" 侦察机（美国）/ 16

RC-12 "护栏" 侦察机（美国）/ 18

OV-10攻击侦察机（美国）/ 20

"曙光女神" 高超声速侦察机（美国）/ 22

SR-71 "黑鸟" 侦察机（美国）/ 24

"蛟龙夫人" 侦察机（美国）/ 26

RC-135电子侦察机（美国）/ 28

EP-3 "白羊座" 电子情报侦察机（美国）/ 30

哨兵电子战飞机（英国）/ 32

M-55侦察机（苏联/俄罗斯）/ 34

苏-12侦察机（苏联）/ 36

雅克-27侦察机（苏联）/ 38

伊尔-20 "黑鸭" 电子侦察机（苏联/俄罗斯）/ 40

零式水上侦察机（日本）/ 42

"景云" 式侦察机（日本）/ 44

Ar-196舰载水上侦察机（德国）/ 46

Fw-200侦察/巡逻机（德国）/ 48

C-2 "灰狗" 舰载运输机（美国）/ 50

C-5 "银河" 运输机（美国）/ 52

C-17 "环球霸王Ⅲ" 运输机（美国）/ 54

C-27 运输机（意大利/美国）/ 56

C-47 "空中火车" 运输机（美国）/ 58

C-119 "飞行车厢" 运输机（美国）/ 60

C-130 "大力神" 运输机（美国）/ 62

V-22 "鱼鹰" 运输机（美国）/ 64

C-141 "运输星" 运输机（美国）/ 66

安-12 "幼狐" 运输机（苏联/俄罗斯）/ 68

安-22 "雄鸡" 运输机（苏联/俄罗斯）/ 70

安-32 "斜坡" 运输机（苏联/俄罗斯）/ 72

安-72 "运煤车" 运输机（苏联）/ 74

安-124 "秃鹰" 运输机（苏联/俄罗斯）/ 76

安-225 "哥萨克" 运输机（苏联）/ 78

伊尔-76 "耿直" 运输机（苏联/俄罗斯）/ 80

C-160 "协同" 运输机（法国/德国）/ 82

Me-323 "巨人" 运输机（德国）/ 84

JU-52 运输机（德国）/ 86

Do.31 运输机（德国）/ 88

C-2 运输机（日本）/ 90

DHC-4 "驯鹿" 运输机（加拿大）/ 92

C-295 运输机（西班牙）/ 94

A400M 运输机（欧洲）/ 96

E-2 "鹰眼" 预警机（美国）/ 98

E-3 "望楼" 预警机（美国）/ 100

E-737 "楔尾" 预警机（美国/澳大利亚）/ 102

E-767 预警机（美国/日本）/ 104

图-126 "苔藓" 预警机（苏联）/ 106

A-50"支柱"预警机（苏联/俄罗斯）/ 108

安-71"狂妄"预警机（苏联）/ 110

卡-31"螺旋"预警直升机（苏联/俄罗斯）/ 112

ZDK-03预警机（巴基斯坦）/ 114

KC-10"补充者"加油机（美国）/ 116

KC-135空中加油机（美国）/ 118

KC-767/46加油机（美国）/ 120

S-2"追踪者"反潜巡逻机（美国）/ 122

S-3"北欧海盗"反潜巡逻机（美国）/ 124

P-3C"猎户座"反潜巡逻机（美国）/ 126

P-8"海神"反潜巡逻机（美国）/ 128

"塘鹅"反潜巡逻机（英国）/ 130

"猎迷"反潜巡逻机（英国）/ 132

ATL2"大西洋"反潜巡逻机（法国）/ 134

P-1海上巡逻机（日本）/ 136

E-4空中指挥机（美国）/ 138

E-8战场联合监视机（美国）/ 140

EMB-312H"超级巨嘴鸟"教练机（巴西）/ 142

鹰式高级教练机（英国）/ 144

T-45"苍鹰"教练机（美国）/ 146

T-50"金鹰"教练机（美国/韩国）/ 148

M-346高级教练机（意大利）/ 150

MB-339高级教练机（意大利）/ 152

波-2教练机（苏联）/ 154

雅克-130高级教练机（苏联/俄罗斯）/ 156

米格-AT高级教练机（俄罗斯）/ 158

PC-21基础教练机（瑞士）/ 160

L-39"信天翁"教练机（捷克斯洛伐克）/ 162

99式高级教练机（日本）/ 164

D-21高速无人侦察机（美国）/ 166

EA-6B"徘徊者"电子对抗机（美国）/ 168

EA-18G"咆哮者"电子战机（美国）/ 170

EC-130心理战飞机（美国）/ 172

EF-111A电子对抗机（美国）/ 174

F-4G"野鼬鼠"电子战机（美国）/ 176

X-15高超声速验证机（美国）/ 178

RQ-3"暗星"无人机（美国）/ 180

RQ-4A"全球鹰"无人侦察机（美国）/ 182

RQ-7"影子"战术无人机（美国）/ 184

RQ-11A"大乌鸦"无人机（美国）/ 186

RQ-170"哨兵"无人侦察机（美国）/ 188

MQ-1"捕食者"无人机（美国）/ 190

RQ-5"猎人"无人机（美国）/ 192

MQ-8"火力侦察兵"无人直升机（美国）/ 194

MQ-9"死神"无人机（美国）/ 196

X-47B无人机（美国）/ 198

"扫描鹰"无人侦察机（美国）/ 200

"不死鸟"无人机（英国）/ 202

"守望者"无人机（英国）/ 204

欧洲"神经元"无人机（欧洲）/ 206

图-143战术无人侦察机（苏联）/ 208

KZO无人侦察机（德国）/ 210

"哈比"无人攻击机（以色列）/ 212

"搜索者"MKII无人机（以色列）/ 214

支援战机的历史

侦察机的历史

飞机被运用于军事上，第一个功能便是装备军队，用来侦察敌情。

世界上首次侦察飞行试验发生在1910年6月9日。当时法国陆军部的驾驶员玛尔科奈大尉和侦察员弗坎中尉驾驶着亨利·法尔曼双翼单座飞机飞上天空，弗坎中尉钻到驾驶座和发动机空隙间，拿着照相机对地面的道路、城镇和堡垒进行拍照。

1910年6月9日，两名法国陆军军官用一架亨利·法尔曼推进式飞机执行了世界上第一次侦察性质的飞行任务。在1911年9月爆发的意大利—土耳其战争中，意大利的皮亚查上尉驾驶一架法国制造的布莱里奥X1型飞机，对土耳其军队的防区进行了人眼和照相侦察，此后又经多次行动，并根据侦察所得编绘出了战况地图，最终帮助意大利取得了战争的胜利。

侦察机牛刀小试便取得不俗战果，从而使得各国开始意识到，飞机完全可以被用作一种重要的侦察工具。

1914年夏一战爆发初期，德军进军法国，巴黎处于危亡之际。9月3日，法军的一架侦察机及时侦察到一个重要信息：德军的右翼缺少掩护。于是法军趁机立刻反击，于两天后发动了意义非凡的"马恩河战役"，一周时间就击退了德军的进攻，从而扭转了战局。

▲ 路易斯·布莱里奥驾驶着布莱里奥X1型飞机飞越英吉利海峡

▲ 布莱里奥X1型飞机

▲ U-2 高空侦察机

而到了二战期间，侦察机更得到了广泛应用。这时在技术上也有了较大突破，出现了可进行垂直照相及倾斜照相的高空航空照相机，并安装了先进的雷达进行侦察；在二战末期，随着电子技术的迅速发展，电子侦察机也应运而生。

20世纪50年代，侦察机的性能明显提高，飞行速度超过了声速，还出现了专门研制的战略侦察机，如美国的U-2。

20世纪60年代，甚至还出现了飞行速度达声速3倍、飞行高度接近30千米的所谓"双3"高空、高速战略侦察机，如美国SR-71和苏联的米格-25。这一时期，无人驾驶侦察机也开始得到广泛使用。

1959年2月28日，美国发射了人类历史上第一颗侦察卫星"发现者"1号。自此，相当一部分侦察机的作用开始为侦察卫星所代替。

之后半个多世纪中，由于防空导弹的发展，使侦察机深入敌方的飞行变得日益危险。但侦察机仍得到继续发展。有人驾驶侦察机主要执行在敌方防空火力圈之外的电子侦察任务，大部分深入敌方空域的侦察任务由无人驾驶侦察机来执行。侦察机的"隐身"技术正在得到应用和发展，以提高侦察机的生存能力。

随着科技的发展，侦察机上也逐渐安装了高性能的光学、电视、红外、激光和雷达等侦察设备，从而可以及时、准确地获取战场上的情报，为指挥官决策提供依据。

大量的实战证明，虽然侦察机的部分功能已经为侦察卫星所取代，但由于它仍具有其他侦察设备无法完全替代的独特优势，所以展望未来，侦察机随着向高科技方向继续发展，仍将在战场上发挥重要作用。

军用运输机的历史

飞机用于军用运输是在民用运输的基础上逐步发展而来的。最初的运输机由机体、动力装置、起落装置、操纵系统、通信设备和领航设备等组成。机身舱门宽敞，分前开式、后开式和侧开式。其中装有前开式和后开式舱门的运输机，其货桥设在舱门处，与飞机底板相接，底板上有滚动装置，机舱内有起吊装置；机翼一般采用上单翼布局，机翼前、后缘装有高效增升装置，以改善起落性能。为便于在野战条件下进行装卸，有的起落架装有升降机构调节机舱底板的离地高度。

在一战期间，还没有明显的空运行动，更没有专门的军用运输机。但一战之后，德国于1919年首先制成了世界上第一架专门设计的全金属运输机J-13；到了20世纪二三十年代，德国较著名的军用运输机有容克-52、Me-323、容克-352等。

这时，其他国家也意识到了空运将在战争中发挥作用，开始跟进研制。比如苏联的AHT-9、美国的C-46等。上述飞机采用活塞式发动机，有的功率达1200马力以上，最大航程达6000余千米，可载运120人。

从二战开始，军用运输机在主要参战国中渐渐得到推广使用，参加了无数次空运空降行动，很快便显露出它快速移动和部署兵力的巨大优越性，对支援地面作战乃至扭转整个战场局势起到了不可估量的重要作用。

军事史上第一次成功的空降入侵与空运补给战例，发生在1940年4月德军对挪威采取的空中突击行动中。当时，500余架运输机为德军闪电攻占挪威提供了"空中桥梁"，使战斗得以顺利结束。

同年5月，德军又利用暗夜进行了一场超低空突防，对荷兰进行大规模空降作战。此役军用运输机再次被大量使用，并且有效地支援了作战。

1942年5月至1945年9月，中印边境上空也上演了二战中规模最大、持续时间最长的空运行动，这就是著名的"驼峰空运"行动。

美国陆军航空队空运部队从印度飞越喜马拉雅山脉，连续空运战略物资，航线全长1000千米左右，且需飞经6000~7000米高的"空中禁区"。先后投入150万小时的飞行时间，运来72.5万吨物资和33477人，有468架运输机失事坠毁，飞行员牺牲1500人左右。

▲ 容克-52运输机

▲ 飞行在驼峰航线上的C-46运输机

▲ C-47"空中火车"运输机

虽然这次空运充满了悲壮和艰辛，但同时也验证了军用运输机所发挥的巨大威力，因而永垂青史。

另外一场著名的空降作战，则当数1944年6月6日的诺曼底战役。当时同盟国空军方面为配合登陆作战，发动了一场先发制人的空降行动，首先出动1200架军用运输机，向阵地上空投了13300名突击队员。

不久之后，同盟国空军又派出400余架滑翔运输机，将1174名士兵和装备、补给品空降于阵地。据统计，在该战役中，同盟国空军共动用了各种运输机3530架，空投35000人、火炮504门、坦克110辆、后勤物资1000吨，这都有力地支援了整个战役。

不过，这一时期的军用运输机型，仍然基本是改装自民用客机或者大型轰炸机。

战后，以美、苏为首的军事大国投入大量人力物力，积极研制出新型的专用军用运输机。长期以来，绝大多数国家都把战术运输机用作唯一的空中运输工具，但美国和苏联却是例外，他们主要使用的是远程的大型战略运输机，双方空军分别生产出了大型的军用运输机，如美国的C-5、C-17和苏联/俄罗斯的安-124、伊尔-76等。它们几乎可以运载陆军的所有大型装备，包括全副武装的主战坦克，其载重量达到100余吨，为前沿部署部队提供全面的后勤支援。

大型军用运输机的改变主要在发动机上。20世纪50年代末、60年代初采用了涡轮喷气发动机和涡轮螺旋桨发动机；从60年代中期则开始采用噪声小、耗油率低的涡轮风扇发动机。

由于动力装置不断改进，大型军用运输机的巡航速度、有效载重等性能已有大幅度提高。著名的如美国的C-5A、苏联的安-124等，其中前者曾在海湾战争中发挥了至关重要的作用。

以信息化为主导的现代战争，具有突发性强、强度高、节奏快、物资消耗巨大的特点，从而对作战部队的快速反应、机动作战和持续作战能力等提出了更高的要求。一个国家空中输送能力的大小，逐渐成为决定战争胜负的重要因素。因此，今后军用运输机仍将是战场上极为重要的运输工具。

预警机的历史

在军用飞机大家族中，预警机进入战争领域的历史并不长，大约是从二战后期才开始。

当时，由于飞机的飞行速度和上升高度都有了很大提高，抢先获得敌情就成为各方的追求。于是英国率先发明、应用了雷达，在抗击德国入侵时立下战功。

在太平洋海空战之后，美国空军鉴于经验教训，为了及时发现利用舰载雷达盲区接近舰队的敌机，试验着把当时最先进的雷达搬上了小型的舰载飞机TBM-3W，改装成世界上第一架空中预警机试验机AD-3W"复仇者"，以图利用飞机的飞行高度，缩小雷达盲区，扩大探测距离。

结果表明，"复仇者"有效地降低了敌机低空空防的概率，而且集指挥、情报、通信和控制等系统功能于一身，遂成为军事领域的新宠。这正如一位军事专家所说："一个国家如果拥有较好的预警机，即使战机数量只有对手的一半，也一样可以赢得战争。"

20世纪五六十年代，电子对抗技术迅猛发展，出现了一些专用电子对抗飞机，如美国的P2V-7电子侦察、EB-66电子干扰机、F-105G反雷达飞机等。同时大部分的战斗机和攻击机，如美国的F-4、英国的"掠夺者"等型飞机也开始配备机载自卫干扰系统。

随着战斗机、侦察机的发展，英、美和苏联也相继研制出相应的预警机。比如美国先后将新型雷达和电子设备安装在小型运输机上，改装成早期预警机，于1958年3月正式定名为E-1B"跟踪者"式舰载预警机，这也是世界上第一架实用的预警机。

不过这一时期的预警机虽然初步具备了探测海上和空中目标、识别敌我、引导己方飞机攻击敌方目标的能力，但由于机载雷达的分辨能力还不是很强，只能搜索监视中空、高空和海上目标，对于陆地上低空或超低空飞行的目标探测能力很差。

另外，由于雷达数据不能传输给航空母舰的指挥中心，而且引导能力也有限，一艘航空母舰的几十架舰载飞机若同时升空，就需要几架预警机进行引导，否则很容易造成混乱。

▲ P2V-7 电子侦察机

▲ E-1B 预警机

▲ E-2C 预警机

20世纪70年代以后，美国、英国和苏联采用脉冲多普勒雷达，研制出了新一代预警机，可以抑制地面杂波干扰，因而能够探测到陆地上低空或超低空的飞行目标。同时，机上还装备了用于敌我识别、情报处理、指挥控制、通信导航和电子对抗的电子设备。

这种新一代的预警机，不但能及早截获和监视低空入侵的目标，还可以引导和指挥己方战斗机进行拦截和攻击，一跃成为"空中预警指挥中心"。

更重要的是，由于机载电子对抗技术又有了很大提高，预警机的电磁频谱运用的范围也在不断扩大。

1982年以色列与叙利亚在贝卡谷地进行决战时，以军预警机将电子对抗技术和电子战战术运用得出神入化，最终以极小的代价，有计划、有组织地运用预警机、无人侦察机、电子战飞机等技术勤务飞机，辅助和指挥己方的战斗机、攻击机采取精确打击行动，从而取得了将叙军19个导弹阵地全部摧毁的巨大胜利。

1991年的海湾战争中，E-2C和E-3A预警机联合电子对抗机，为以美军为首的多国部队赢得胜利发挥了重要作用。

经过几十年的发展，目前世界上近20个国家和地区已经装备和研制的预警机有十几种，服役的约有300架。其中约80%是由美国研制生产，俄罗斯则占有10%的份额。

预警机最初主要由航空母舰舰载预警飞机和侦察卫星等组成，因此被称为航空母舰的"千里眼"。而随着科技的发展，它已经逐渐从单纯的远程预警扩展到空中指挥、引导等功能。

展望未来，信息化战争正进一步提升着预警机的作用。在高技术对抗中，若没有预警机的有效指挥和引导，几乎根本不可能组织大规模的空战。预警机更一步步将侦察、指挥、控制、引导、通信、制导和遥控集于一身，变成了名副其实的"空中指挥堡垒"。

其他支援战机的历史

支援战机除了上面提到的军用运输机、侦察机和预警机外，还有反潜巡逻机、空中加油机、电子对抗飞机、教练机和无人机等。

反潜巡逻机诞生于一战期间。1915年，为了对付德国的潜艇，美国海军水上飞机中队长J.C.彼特对柯蒂斯H-4型水上飞机进行改造，设计了新的船型机身，并换装了新的发动机，制成了世界上第一架反潜巡逻机。

二战期间，德国开展了大规模的潜艇战，英、美也从一开始就把航空反潜作为重要的对抗措施。他们用大型侦察机和轰炸机改装成反潜巡逻机，并使用声呐浮标、机载雷达、探照灯等装置，从而更有效地搜索潜艇。

二战后，潜艇变得越来越难被发现。为应对这一新形势，巡逻机的发展逐渐呈现出多任务化、协作化、网络化趋势，其机载武器系统及接口也将实现标准化，满足在不同任务角色间进行快速转换的需要。

世界上第一架空中加油机1923年在美国诞生。20世纪40年代中期，英国研制出插头锥套式加油设备。40年代后期，美国研制出伸缩管式加油设备。80年代初，美国研制了新型KC-10A空中加油机。在60—80年代的几次局部战争中，美、英等国空军都使用过空中加油机。

电子对抗斗争是随着电子技术的发展而发展的，最早发生在20世纪初的日俄战争期间。而电子对抗飞机则诞生于二战期间。为了对付敌方新出现的警戒雷达和炮瞄雷达，英、美、德等国相继研制出了早期的电子干扰装置。1939年5月，英国人首次开发成功机载型电波干扰器，经过改进后，于40年代初安装在轰炸机上，在对德国本土进行空袭时，用它干扰防空雷达。

20世纪70年代以后，机载电子对抗技术有了明显提高，电子对抗设备日趋完善，电磁频谱斗争的范围不断扩大。1982年的贝卡谷地之战，以军把电子对抗技术和电子战战术发挥得淋漓尽致。

电子对抗飞机发展的主要趋势是进一步扩展频率覆盖范围，增大干扰的等效辐射功率，提高自动化程度和对雷达袭击的命中率，研制多用途无人驾驶电子对抗飞机。

▲ S-3 "北欧海盗"反潜巡逻机

▲ 伊尔-20 "黑鸭"电子侦察机

▲ MQ-9 "死神"无人机

教练机是训练飞行员从最初级的飞行技术到能够单独飞行与完成指定工作的特殊机种。教练机作为战术飞机,分为攻击机和战斗机两种。过去,初教、中教、高教各居其位,也专心于训练新飞行员,除了紧急情况,一般不参加战斗任务,在设计的时候也不考虑挂载武器的能力。

然而,从20世纪60年代开始,欧洲兴起所谓的"全程教练机",希望用一种教练机完成从初教一直到高教的全部飞行训练。在经济上可以减少机型,降低总采购成本;在技术上由于发动机和飞控的发展,初学的新学员也可以从相当先进的教练机直接入手。由于高教具有良好的飞行性能,赋予高教一定的战斗能力也成为一种时髦,成为所谓的教练攻击机。

无人机最早在20世纪20年代出现,1914年一战正进行得如火如荼,英国的卡德尔和皮切尔两位将军向英国军事航空学会提出了一项建议:研制一种不用人驾驶,而用无线电操纵的小型飞机,使它能够飞到敌方某一目标区上空,将事先装在小飞机上的炸弹投下去。限于当时技术,无人机发展缓慢。

二战中,无人机主要作为靶机用于训练防空炮手。二战后,一些国家将多余或者是退役的飞机改装成靶机或改装成作为科研的特种飞机使用。

越南战争期间,美国的无人机被频繁地用于执行军事任务。1991年的"沙漠风暴"作战当中,美军曾经发射专门设计欺骗雷达系统的小型无人机作为诱饵,这种诱饵也成为其他国家模仿的对象。

海湾战争之后,无人机开始飞速发展并被广泛运用。1996年3月,美国国家航空航天局研制出两架X-36试验型无尾无人战斗机。

进入新世纪以后,世界各国充分认识到无人机在战争中的作用,并把高新技术应用到无人机的研制与发展上。

RB-57D "堪培拉"侦察机（美国）

■ 简要介绍

RB-57D侦察机，代号是"堪培拉"，美国的一种亚声速、双发喷气式单翼高空侦察机。原型机为英国电器公司研制的B-57"堪培拉"轰炸机。它重量轻、载油多、航程远、升限高的特点，使其从事高空隐蔽侦察活动时不会受到来自地面和空中的袭击。

■ 研制历程

20世纪50年代爆发的朝鲜战争令美国空军感到缺乏一种可以全天候用于战场遮蔽的轰炸机，同时要求这种轰炸机必须具备能担任侦察任务的能力。

为了尽快获得新机，美国空军考虑直接引进国外已经使用的飞机。1951年5月25日，美国空军正式宣布英国"堪培拉"轰炸机赢得此次竞标。最终交由美国洛克希德公司生产，美军将该机编号为B-57，名称依然沿用了英国的名称"堪培拉"。

第一架量产的B-57A于1953年7月20日试飞。RB-57A是在B-57A基础上改装的照相侦察型，照相机安装于炸弹舱中，共生产了67架。RB-57D侦察机是高空战略侦察型，共生产20架。

■ 作战性能

RB-57D比RB-57A更优越的性能主要表现在飞行高度增至18000~20000米，超过当时米格-19的最大升限。RB-57D装有4部航空相机，在高度18500米实施航空照相，可摄取长约4000千米、宽70千米地幅的地面目标。它的续航时间达8~9.5小时，最大航程达6800千米。

基本参数	
长度	19.96米
翼展	32.02米
高度	4.88米
空重	13600千克
动力系统	2台普惠公司J57-P-9涡喷发动机
最大航速	930千米/小时
实用升限	21336米
作战半径	3219千米

▲ 在美国空军国家博物馆的 RB-57D

▲ RB-57D 在 1958 年核弹爆炸试验期间收集大气颗粒样品

■ **知识链接**

RB-57D于1955年11月3日首飞,1956年5月开始部署。美国空军还在日本横田基地和阿拉斯加的艾尔逊空军基地派遣了RB-57D飞机的分遣队。部署在日本的RB-57D主要搜集苏联海军和空军在远东地区行动的电子情报,并监视苏联核试验的放射物的采样。还有一些飞机则飞往其他国家进行侦察。

RC-12 GUARDRAIL
RC-12 "护栏"侦察机（美国）

■ 简要介绍

RC-12侦察机，代号"护栏"，这是一种通信情报和测向联合系统，是美国陆军情报部门的建制装备。该系统的主要任务是截收敌指挥与控制系统、武器系统、雷达以及其他电子信号发射体发出的电波，并对目标进行测向定位。该机不仅能够查明敌军通信和雷达设备的配置地点，而且可以连续跟踪和监视移动目标的瞬时坐标。它在平时用来支援战区，战时用来向战术指挥官提供有价值的通信情报和对敌部署、序列等情况。

◀ RC-12机翼安装2台普惠PT6A-42涡轮螺旋桨发动机

■ 研制历程

RC-12侦察机是美国雷神公司在"空中之王"A200CT基础上改装的，于1991年6月正式加入现役，机组乘员为两人。RC-12的D、H型1991年装备部队，K型1995年装备部队。

基本参数

长度	13.4米
翼展	17.6米
最大起飞重量	6446千克
动力系统	2台普惠PT6A-42发动机
巡航速度	463千米/小时
最大航程	2200千米
实用升限	13400米

■ 作战性能

RC-12的机上装备有AN/APR-39和AN/APR-40雷达告警系统，以应付飞机在飞行中所遇到的敌地空导弹和防空炮火的袭击、空对空截击和电子干扰。上述两种雷达告警系统的"过人"之处在于，能探测发现敌脉冲波雷达，并能清晰地在荧光屏上显示出敌方雷达的位置和有关实力、部署情况。它们能在敌方雷达尚未发现己方飞机的距离上发现敌方雷达，比敌方雷达发现自己要提前几分钟甚至几十分钟，确保己方飞机免遭袭击，提高了生存能力。此外，该机也可在距边界线很远的己方一侧进行侦察活动，既有效，又安全。

■ 实战表现

海湾战争期间，RC-12系列的飞机参加了实战，对伊军通信系统侦察、测向、定位，并将情报适时发往地面部队。该型飞机的主要任务是截收通信情报、对目标定位、中继通信，并把接收到的有价值信号传输到地面进行综合分析处理。

▶ RC-12不仅能侦测敌方通信和雷达阵地，而且能连续监视移动目标并自动绘出瞬时坐标

▲ RC-12带有翼尖油箱和各种安装在机翼上或机身上的雷达罩和天线（因不同改型而异）

■ 知识链接

雷神公司最初名为"美国器械公司"，1922年在马萨诸塞州的剑桥成立。初期以电子管取得巨大成功。近些年来，公司先后并购了E-系统公司、德州仪器公司的国防系统部门、休斯飞机公司。通过并购，雷神公司大大增强了其为客户服务的能力。公司将其核心业务集中在三个领域：国防和商务电子、商用和特殊使命的飞机以及工程与建筑。2018年《财富》世界500强排行榜位列467位。

OV-10 BRONCO
OV-10攻击侦察机（美国）

■ 简要介绍

OV-10是美国的一种轻型攻击侦察机，可执行特种侦察、空中管制与对地攻击任务，带弹量可达3000千克，且能滞空3小时。越战中的美国陆战队非常欣赏该侦察机，该机大量执行校射任务，同时还执行轻型攻击和直升机护航任务。越战中的美国空军也装备了一小队用于作战评估的OV-10，为大规模装备铺平道路。OV-10总产量约400架，除美国海空军、陆战队使用外，该机还出口到德国、泰国、印尼、菲律宾、委内瑞拉等国。

■ 研制历程

1963年年末，美国空军委员会颁布了轻型武装侦察机（LARA）的规格，对作战能力和多任务能力提出了高标准要求。

美国飞机制造商对LARA项目都很感兴趣，有11家公司响应委员会的请求提交了方案。比奇、道格拉斯、通用动力、赫利奥、洛克希德、北美罗克韦尔等6家公司的方案被选中进一步评审。1964年8月，罗克韦尔公司的NA-300方案最终中选。

1965年7月16日，首架NA-300原型机YOV-10A在俄亥俄州哥伦布市罗克韦尔工厂首飞。1968年2月，美海军陆战队接受第一架OV-10，同年7月运抵越南岘港，开始服役。

▲ OV-10攻击侦察机

▼ OV-10采用双尾梁布局，后部是一个2.12立方米容积的万能货舱，可以装载1452千克的军用物资或5名伞兵或2个担架加1名护士

基本参数

长度	13.41米
翼展	12.19米
高度	4.62米
空重	3127千克
最大起飞重量	6552千克
动力系统	2台盖瑞特J76-G-416发动机
最大航速	463千米/小时
最大航程	692千米
作战半径	759千米

■ 作战性能

OV-10侦察机安装了4挺M60C7.62毫米机枪，每挺备弹500发。机枪安装在机腹两侧的短翼内，每侧各2挺，M60C是步兵标准M60机枪的改进型号，适合固定机载安装，通过短翼上方的舱门可以很容易地拆除机枪。飞行员座舱内安装了简易瞄准具。此外每侧短翼下方还有两个挂架，机腹有一个中线挂架，每侧外翼段下方还各有一个挂架，共有7个挂架。短翼挂架位置很低，挂载武器很方便。最初"野马"挂载一个568升或872升的副油箱，最后1137升副油箱成为标准配备。

◀ OV-10 的座舱玻璃低至腰膝部，视角非常宽，尾部还有货物隔舱

■ 知识链接

罗克韦尔公司的前身是1903年林德·布拉德利和斯坦顿·艾伦博士用最初的1000美元投资建立的压缩变阻器公司。1909年，公司正式更名为艾伦-布拉德利公司，并迁往威斯康星州密尔沃基市，一直作为其总部所在地。发展至今，罗克韦尔公司在全球80多个国家设有分支机构，是全球最大的致力于工业自动化与信息化的公司，致力于帮助客户提高生产力，以及世界可持续发展。

SR-91 AURORA
"曙光女神"高超声速侦察机（美国）

■ 简要介绍

"曙光女神"高超声速侦察机，又名"极光"，是美国继SR-71"黑鸟"战略侦察机之后新一代战略侦察机。尽管美国官方一再否认该机的存在，但有越来越多的证据表明该机已存在多年，只是美国军方的保密工作做得极好，如同当年的B-2轰炸机。"曙光女神"使用了全新的飞机发动机技术——脉冲航空发动机，以及全新的反雷达隐形技术。人们估计，融合了最新的航空科技的"曙光女神"侦察机作战性能惊人，最高时速可以达到8倍声速，飞行高度达到了令人咋舌的4万米。当前全球的任何防空武器系统都不是"曙光女神"的对手。

▲ "曙光女神"使用高效的组合循环发动机

■ 设计特点

"曙光女神"首先在1985年曝光。据现有的资料表明，"曙光女神"高超声速侦察机平面是一个有着75°后掠角的巨大三角形升力体。侧面则是形似一鹰喙的巨大流线体。两台组合循环发动机在机腹部沿飞机长度方向一直向后延伸和三角翼紧密融为一体，在机体前下方形成一个庞大的"斜曲面"。这种设计主要是为组合循环发动机的进气所设计的，虽然这样设计无疑会产生相当巨大的阻力，但是却有利于气体在进入进气道前的压缩，并能引导废气膨胀。而且，因为气体在飞机底部受压还可使飞机获得最大的升力。这是传统的飞机所没有的。而且其独特的翼身融合可以储放大量的燃料及降低摩擦阻力。"曙光女神"所独特的三角体本身就是一个升力面，对亚音速、跨音速及高超声速的飞行都比较有利。而且，其尖锐后掠的前缘，也能像边条翼一样使飞机增加涡升力。在三角体的后缘，有两个面积较小的全动式的双垂尾，起到稳定及操纵飞机的作用。

基本参数	
长度	32米
翼展	20米
高度	7米
空重	29480千克
最大起飞重量	71215千克
最大航速	9792千米/小时
实用升限	40000米
最大航程	1738米

■ 作战性能

"曙光女神"秘密侦察机出动时，往往会产生巨大的声波冲击，不只产生刺耳的轰鸣声，并且附带有强大的震波。这种震波被地震学者称为"天震"，因为它强烈到内华达州地震局的观测仪都能接收到信号。另外，当"曙光女神"横越长空时，往往会留下类似香肠状的绳结式凝结尾烟，跟传统飞机有极大差异。

■ 逸闻趣事

出于保密，"曙光女神"一直很神秘。1992年12月12日，世界军界权威的英国《简氏防卫周刊》获得了一位名叫吉布森的具有12年从军经历的英国皇家侦察兵老兵的目击证明。吉布森本人还是国际飞机辨识团成员，因此在辨认飞机上具有比较权威的地位。他表示，当时他远在北海的加尔维斯敦钥匙钻油平台上工作，当天出现了一架KC-135、两架F-111与一架神秘的三角形飞机，他指出该架神秘飞机的后掠角达到75°，而完全不类似任何他所看过的飞机，而这与传说的"曙光女神"十分相似。

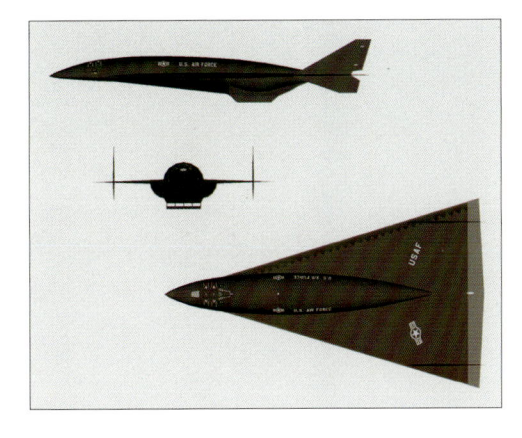

▲ "曙光女神"三视图

■ 知识链接

欧若拉(Aurora)在北欧神话中是曙光女神的名字，据传说，她们都是英勇善战的女武神，每当她们奔赴战场时，身上穿的盔甲就会放射出夺人心魄的美丽光芒。被称为"曙光女神"的高超声速侦察机，尽管英美政府都一再否认这种飞机的存在，但大量目击者和其他事实证明，美国进行这项秘而不宣的计划已经很长时间。

SR-71 BLACKBIRD
SR-71 "黑鸟" 侦察机（美国）

■ 简要介绍

SR-71侦察机，代号"黑鸟"，是美国空军使用的喷气式远程高空高速战略侦察机。它采用了大量当时的先进技术，是第一种成功突破热障的实用型喷气式飞机。它具有超高的巡航高度，不需要进入敌人领空即可通过携带的倾斜视角摄像机进行拍摄侦察。其从25900米拍摄的照片甚至能清晰地显示出地面上车辆的车牌号。它在实战记录中没有任何一架曾被敌机或防空导弹击落。

■ 研制历程

1963年，洛克希德公司以A-12侦察机为原型开始进行SR-71的研制；1964年12月22日首飞；1965年SR-71通过了美国空军战略司令部的鉴定。1966年1月，开始交付加州比尔空军基地第4200战略侦察联队（后改番号为第9战略侦察联队）服役。它是"黑鸟"家族中生产架数最多的一种型号。1990年开始退役，1995年部分SR-71编回部队，并于1997年展开飞行任务，1998年永久退役。

■ 作战性能

SR-71主要任务载荷包括侦察照相机、红外和电子探测器、AN/APQ-73合成孔径侧视雷达等先进的电子和光学侦察设备，但都处于绝对保密的状态，外界了解甚少。但通过对其飞行速度和光学照相机的分析，一小时内它能完成对面积达324000平方千米的地区的光学摄影侦察任务。形象地说，它只需要6分钟就可以拍摄到覆盖整个意大利的高清晰度照片。其光学镜头的性能超乎想象，但分辨率高度保密。为了避免飞机向前飞行引起的误差，侦察照相机均装在导轨上，摄影时向后运动，使相机相对于地面静止。

▶ SR-71 共制造 32 架，其中 12 架在飞行事故中损毁，1 名飞行员罹难，其他人都弹射生还

基本参数

长度	32.74米
翼展	16.94米
高度	5.64米
空重	30600千克
最大起飞重量	78000千克
动力系统	2台普惠J58-1涡轮喷气亚燃冲压组合循环发动机
最大航速	4104千米/小时
实用升限	25900米
最大航程	5925千米

■ **实战表现**

越南战争期间，美军司令部下达的空中侦察飞行任务中，SR-71占全部飞机起飞架次的10%~30%。在结束阶段，"后卫-1"和"后卫-2"战役期间，SR-71侦察飞行的次数占美军同期在北越上空总飞行架次的26%~45%。

1969年，美军侦察机共执行了802架次空中侦察飞行，其中SR-71为16架次。1970年，共完成空中侦察飞行5320架次，其中SR-71为47架次。1971年，美军进行空中侦察飞行7662架次，其中SR-71为54架次。1972年，美军进行空中侦察飞行20674架次，其中SR-71为123架次。

▲ SR-71是由美国洛克希德臭鼬工厂出品，由航空业传奇人物凯利·约翰逊领导设计。SR-71是当时世界最强的战略侦察机，最高速度超过3倍声速，最大升限超过2.5万米，在实战记录上，没有任何一架SR-71曾被击落

■ **知识链接**

战略侦察机是为了战略决策而收集敌方战略情报的专用飞机。其特点是飞行高度高、航程远，能从高空深入敌方领土进行侦察，装有复杂的航摄仪和电子侦察设备，可对敌方军事目标和工业区、核设施、导弹基地和试验场、防空设施等战略目标实施侦察，获取高价值情报供高级军事和行政部门做决策参考。

U-2R/S DRAGON LADY
"蛟龙夫人"侦察机（美国）

■ 简要介绍

U-2R/S侦察机，代号"蛟龙夫人"，是美国空军一型单座单发高空侦察机。它能不分昼夜于21336米高空执行全天候侦察任务，在和平时期和危机、小规模冲突及战争中为决策者提供重要情报。此外亦用于电子感应器研发、确认卫星资料和校准。几十年来侦察过苏联、古巴、朝鲜、越南等国家，但是也有15架在其他国家的领空被击落。虽然首飞至今已经50多年，但U-2R/S仍然活跃于前线。

■ 研制历程

20世纪50年代初，东西方之间的对抗不声不响地开始了。由于传统的情报收集手段不能满足要求，美国迫切需要获得苏联重点国防建设方面的情报，所以，美国军方准备着手研制一种新型高空侦察机。

1954年4月，洛克希德公司高级研发中心臭鼬工厂向美国国防部递交了研制新型高空侦察机的报告，推荐其总工程师凯利·约翰逊提出的CL-282项目方案。方案获得军方验收。1955年8月4日，秘密首飞，并打破了由英国人保持的22707米升限的世界纪录。1956年开始装备美空军。

▼ 美国空军现役的U-2R/S还将服役近十年的时间。比U-2R/S更先进的SR-71战略侦察机，由于使用成本高，故障率高，都已经早早退役。而U-2R/S侦察机与同时代的B-52战略轰炸机将继续服役数年时间

▲ U-2R/S全身漆成黑色而被称为"间谍幽灵"，也被笑称为"黑寡妇"

基本参数

长度	19.1米
翼展	30.9米
高度	4.8米
空重	6800千克
最大起飞重量	18600千克
动力系统	1台普惠J75-P-13B涡喷发动机
最大航速	812千米/小时
实用升限	24384米
最大航程	5633千米

■ 作战性能

U-2R/S装备有8台照相侦察用全自动照相机，胶卷长3.5千米，可将长200千米，宽5000米范围的景物拍成4000张照片。4部电子侦察雷达信号接收机、无线电通信侦收机、辐射源方位测向机和电磁辐射源磁带记录机。

U-2R/S照相的清晰度很高，在18000米的高空，地面人员的活动可以清晰地显示出来。此外，U-2R/S还装有先进的电子侦察设备，不仅能侦察到对方陆空联络、空中指挥的无线电信息，还能测出对方的雷达信号。

◀ 如今，美国空军现役的U-2R/S，在机体和电子设备上已经做了很大的升级

▲ 驾驶U-2R/S侦察机的飞行员。由于高空氧气稀薄，U-2R/S飞行员不得不采用类似宇航员的抗荷物和特种头盔

■ 知识链接

1957年7月8日，一架从阿拉斯加埃尔森空军基地起飞的U-2R/S对苏联远东地区进行了侦察，这是U-2R/S首次从美国本土起飞执行对苏联地区的侦察任务。1959年6月9日，U-2R/S飞越苏联乌拉尔地区，对苏联的导弹试验基地进行了侦察。1960年5月1日，一架从巴基斯坦白沙瓦附近机场起飞的U-2R/S侦察机被苏联防空军的S-75防空导弹在斯维尔德洛夫斯克击落，飞行员加里-鲍尔斯被俘。

BOEING RC-135
RC-135电子侦察机（美国）

■ 简要介绍

RC-135是美国的一种战略电子侦察机，因其头部巨大的"疣猪鼻"形整流罩而被人称为"疣猪"。它能够迅速捕捉和分析战场上的各种电子威胁，然后将分析的结果与其他电子战系统进行协同，最后把目标的数据提供给打击力量。美国空军战时对RC-135使用的惯例是与E-3空中预警机联手，向决策者、战场指挥官和战斗机飞行员提供适时的战斗管理情报。它被美国空军视为与新一代军事侦察卫星和远程无人驾驶飞机并驾齐驱的美军21世纪最重要的侦察武器之一。

■ 研制历程

美苏冷战期间，美国为全面监视苏联弹道导弹基地及试验情况，于20世纪60年代初在C-135运输机的基础上改装成了RC-135高空电子侦察机。

到了2003年8月，诺斯罗普-格鲁门公司被美国空军选中，负责为RC-135飞机提供新的雷达系统和备件。RC-135有多种改进型，包括A、S、U、V、W、X等型号，最新型号为RC-135X，它们功能各不相同。

▼ RC-135乘员一般是机组有5人，分别是3名飞行员和2名领航员。其他人员21~27人，视任务而定。通常至少有3名电子战军官、14名操作手、4名随机维护人员

基本参数

长度	46.6米
翼展	44.4米
高度	12.95米
空重	46403千克
最大起飞重量	124965千克
动力系统	4台普惠TF33-P-9涡扇发动机
最大航速	991千米/小时
实用升限	12375米
最大航程	1.2万千米

■ 作战性能

RC-135侦察机性能强大：一是探测能力强，它装备有高精度电子光学探测系统和先进的雷达侦察系统，可以收集对方预警、制导和引导雷达的频率等技术参数；二是技术先进，该机机载电子侦察设备可以收集、处理制导导弹的电磁频谱及相关信息，能实时进行定位、分析、记录和信息处理；三是分辨率高，该机侦测电磁脉冲的宽度可达0.1米，方位可精确到0.1°，可在360千米内分辨出3.7米长的物体；四是输送渠道多，对特别重要的情报，可以通过监听系统直接形成情报，分别送给战区司令官、国防部、国家领导人。

■ 实战表现

RC-135的身影频频出现在战场上、热点地区和例行性侦察行动中。在入侵巴拿马的战争中，RC-135首次参加实战。在海湾战争行动中，美军共派出4架RC-135侦察机对伊拉克进行不间断的侦察监视，平均每天有2架在空中飞行，每架飞机一次侦察时间为12小时。在科索沃战争中，RC-135成了美国空军所有投入实战的最有效的侦察工具。一旦获得南联盟军队活动的情况，RC-135就立即把情报传递给北约的战机，由其对目标实施连续的空中打击。

▲ 美国空军要想为美军21世纪联合部队指挥官们提供全球和战区的战场空中、陆地、水面和水下情报，那么光是凭天上的侦察卫星、空中的无人驾驶侦察机以及敌后的间谍是远远不够的，RC-135是弥补这一不足、整合各种侦察系统的重要手段

■ 知识链接

1929年，诺斯罗普航空公司被联合航空运输公司收购。1930年，格鲁门飞机工程公司创立。1939年，诺斯罗普公司重新成立。1994年，诺斯罗普公司与格鲁门公司合并成为诺斯罗普-格鲁门公司。公司在全球防务商中排行第三位，也是最大的雷达与军舰制造商。公司总部位于加利福尼亚州圣地亚哥，在全世界100多个地区拥有工厂或办事机构。

LOCKHEED EP-3
EP-3"白羊座"电子情报侦察机（美国）

■ 简要介绍

EP-3侦察机，代号"白羊座"，是美国的一种电子情报侦察机。其主要型号EP-3E是美国海军唯一的一种陆基信号情报侦察机，它的主要任务是独自或与其他飞机一起在国际空域执行飞行任务，为飞行方队的司令官提供有关敌方军事力量战术态势的实时信息。

◀ EP-3C海上巡逻机机组人员为20人，分别包括5名飞行控制人员和15名任务控制人员。飞行控制人员包括驾驶员、副驾驶、飞行工程师以及2名导航员

■ 研制历程

EP-3电子情报侦察机是在P-3反潜巡逻机基础上改装的，用于取代洛克希德EC-121电子情报侦察机。该机由美国洛克希德飞机公司制造。第一架EP-3侦察机1969年加入美国海军服役。1969年，又使用P-3B改装了两架EP-3B。1975年，在P-3C基础上又改装了10架EP-3E白羊座Ⅱ，原先的两架EP-3B也升级到EP-3E标准。

▲ EP-3机腹下的圆形雷达罩特别醒目，内置旋转接收器，可以从360°获取飞机周围的电子信号

基本参数	
长度	35.61米
翼展	30.38米
高度	12.27米
空重	27890千克
最大起飞重量	64410千克
动力系统	4台艾利逊T56-A-15涡轮螺旋桨发动机
最大航速	991千米/小时
实用升限	8535米
最大航程	9100千米

■ 作战性能

EP-3E配备有4台T56-A-14发动机,体积与波音737客机相近,装有名为"LINK11"数据链系统以及名为AN/AYK-14的中央计算机,配备了尖端的电子信息拦截系统,它可以探测并追踪雷达、无线电以及其他电子通信信号。侦察机利用传感器、接收器和碟型卫星电线,可以对很大一片范围进行电子信息的监听,可从740千米外的地方截获雷达和其他通信信号。

■ 服役情况

美国12架EP-3E侦察机分别部署在西班牙、关岛以及美国本土的佛罗里达等地,其作战序列号分别为156507、156511、156514、156517、156519和156528、156529、157316、157318、157320及157325、157326。分别服役于美国海军驻关岛基地的VQ-1特种航空侦察中队和驻西班牙洛塔基地的VQ-2特种航空侦察中队。

▲ 借助先进的电子战装备,EP-3能完成多种侦察监视任务,尤其在监听敌方无线电通信方面作用很大。EP-3通常在别国的领空之外飞行,收集该国国土上各种无线电设备发射出的电子信号,如广播、无线电台、电报、对讲机、手机等,也是名副其实的"捣蛋"飞机

■ 知识链接

EP-3电子战协调工作站主要职责包括将收集到的人工电子信号情报以及通信和情报数据集中起来并传输给非机载用户。通信情报特殊任务监视/收集主管工作站位于电子战协调工作站的旁边,主要职责包括对飞机的通信情报进行管理。通信情报机舱位于飞机右舷主机舱尾部,可为5名操作员提供住宿条件,职责为收集、分析以及整编通信情报。主机舱尾部还可为第6名操作员提供操作空间。

SENTINEL R1
哨兵电子战飞机（英国）

■ 简要介绍

为了提高对地面目标侦察监视能力，英国国防部研发"哨兵"型机载防区外雷达飞机。它包括5架加拿大制造的庞巴迪"环球快车"飞机平台、6个机动战术地面站、2个作战使用地面站，可向战场上的指挥员、技术人员和武器操纵员提供及时的战场信息。"哨兵"与E-3D预警机和"猎迷"R1等型飞机组成"三位一体"的侦察监视预警网络。

■ 研制历程

2005年3月，雷神公司在庞巴迪"环球快车"飞机上对"哨兵"机载防区外雷达（ASTOR）进行试飞；2006年7月，具有地面移动目标指示能力（GMTI）的雷达试验在英国的机载防区外雷达（ASTOR）飞机上开始进行；2008年11月，英国皇家空军宣布ASTOR（机载防区外雷达）预警系统（含预警机和地面站）服役。在阿富汗战场，英国使用"哨兵"（Sentinel）R.MK1监视飞机及相关地面站增强情报、监视、目标截获和侦察（ISTAR），增强其在战场上的感知能力。

基本参数不详

▶ 庞巴迪是一家总部位于加拿大魁北克省蒙特利尔的国际性交通运输设备制造商。行业排名世界第一。主要产品有支线飞机、公务喷气飞机、铁路及高速铁路机车、城市轨道交通设备等。庞巴迪宇航集团隶属于庞巴迪公司，集团总部位于加拿大蒙特利尔国际机场附近的森特维尔。以员工人数计，它是世界上第三大飞机制造商（仅次于波音及空中客车）；以年度付运量计，它是全球第四大商业飞机制造商（仅次于波音、空中客车及巴西航空工业）。

■ 作战性能

"哨兵"飞机平台为双人驾驶的远程飞机,航程为8500千米,任务续航时间为14个小时。它使用的雷达是美国雷声公司ASARS-2侧视合成孔径雷达,是U-2使用的侧视雷达的改进型号,能够提供极高分辨率的雷达成像,并具有动目标探测能力。雷达天线由BAE Systems生产。该雷达可以从12000米高空对160千米处的目标进行成像探测,提供高分辨率的战场图像,同时还能发现并跟踪移动目标。

▲ 哨兵电子战飞机正面

◀ 庞巴迪"环球快车"7000公务机

◀ 哨兵电子战飞机

■ 知识链接

雷神公司(Raytheon Company)是美国最主要的国防承包商和工业公司之一,总部位于马萨诸塞州沃尔瑟姆,其拳头产品为导弹、导弹防御系统和雷达,是世界上最大的制导导弹生产商。2016年,雷神公司营业收入为240亿美元,雇用正式员工67800余人。在全球开展防务业务。Ray来自法语,为"光束"之意;theon来自希腊语,"来自上帝"的意思。Raytheon公司由此得名,即"上帝投下的光束"。

MYASISHCHEV M-55
M-55侦察机（苏联／俄罗斯）

■ 简要介绍

M-55侦察机是20世纪80年代末苏联的一种高空战略侦察机。其技术水平和飞行性能与U-2差不多，而且由于研制时间比U-2晚得多，因此在某些方面可能超过U-2。从1994年开始，俄罗斯就与国际社会合作，利用它开始研究大气层高层空间，特别是对臭氧层的生态监测，1997年开始进行国际航空极地试验。

◀ 原型机为M-17，1988年8月16日首飞，创造了16项世界纪录

■ 研制历程

M-55高空侦察机由米亚西舍夫设计局于20世纪80年代开始研制，后由斯摩棱斯克航空制造厂共生产了4架M-55。在发生两起飞行事故后，只剩下两架飞机，其中一架在进行试验，另外一架，由于经济原因，改装俄罗斯、德国、意大利、瑞士和瑞典联合研制的科研设备，在进行高层空间和发射领域的国际科学研究，因此获得"地球物理学"的称号。

基本参数	
长度	22.87米
翼展	37.46米
高度	4.8米
空重	14000千克
最大起飞重量	23800千克
动力系统	2台ПС-30发动机
最大航速	750千米／小时
实用升限	20000米
最大航程	4965千米

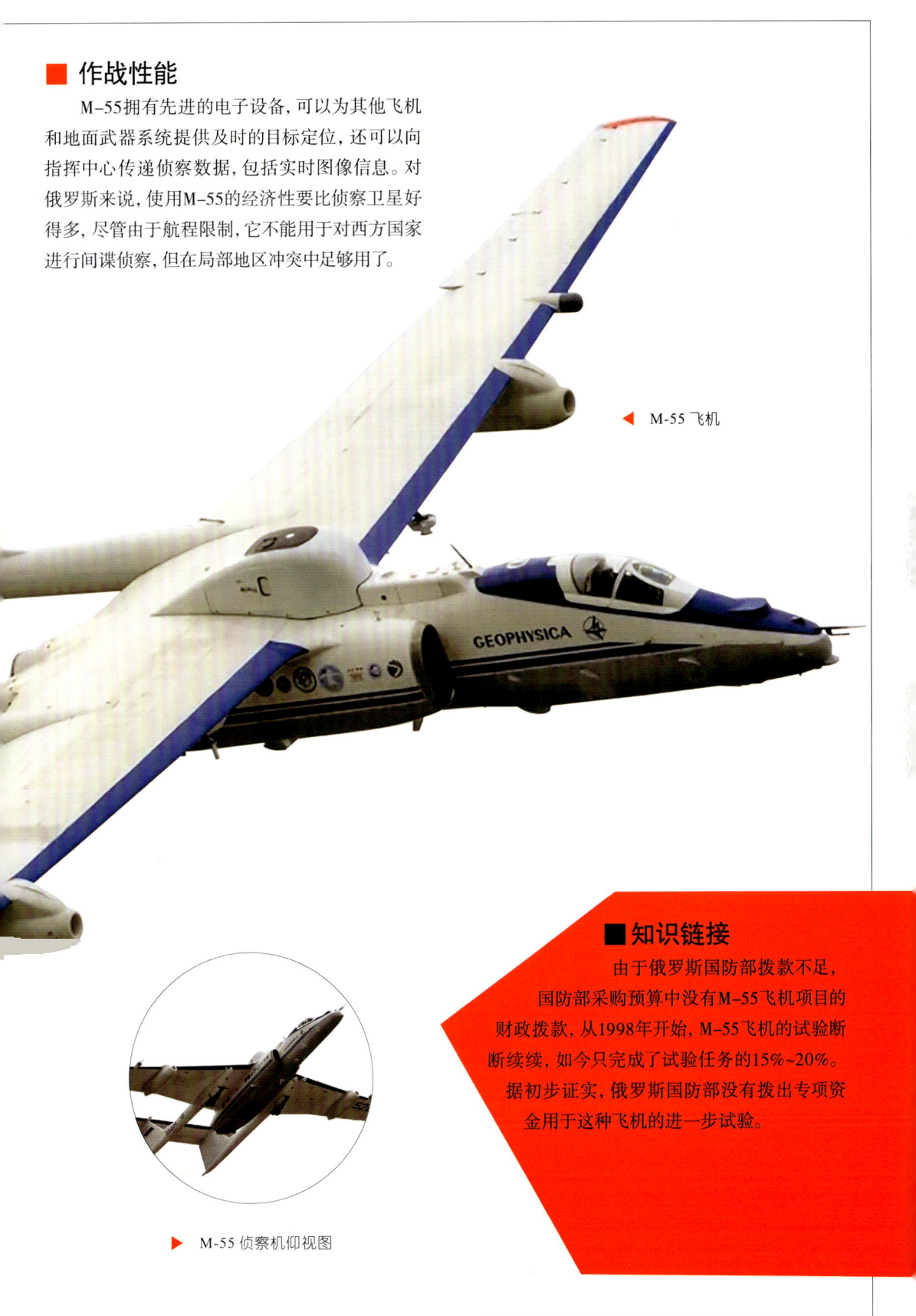

■ 作战性能

M-55拥有先进的电子设备,可以为其他飞机和地面武器系统提供及时的目标定位,还可以向指挥中心传递侦察数据,包括实时图像信息。对俄罗斯来说,使用M-55的经济性要比侦察卫星好得多,尽管由于航程限制,它不能用于对西方国家进行间谍侦察,但在局部地区冲突中足够用了。

◀ M-55 飞机

▶ M-55 侦察机仰视图

■ 知识链接

由于俄罗斯国防部拨款不足,国防部采购预算中没有M-55飞机项目的财政拨款,从1998年开始,M-55飞机的试验断断续续,如今只完成了试验任务的15%~20%。据初步证实,俄罗斯国防部没有拨出专项资金用于这种飞机的进一步试验。

SUKHOI SU-12
苏-12侦察机（苏联）

■ 简要介绍

苏-12侦察机是二战之后诞生在苏联的一种双座双发活塞螺旋桨式攻击机，同时它也是苏霍伊设计局研制的最后的活塞式飞机，用于侦察、炮兵校射甚至轻型轰炸。在功能上，同德国的FW-189类似。

▼ 苏-12侦察机可以用来侦察敌方炮兵阵地，并为己方炮兵校正射击提供帮助

■ 研制历程

二战时期，苏联军队的炮兵表示需要一种特殊平台用来满足其对敌方阵地侦察的需求。战争结束之后，苏联炮兵对此类机型的需求仍然存在。1946年，在当时的苏联炮兵的总参谋长瓦罗诺夫的支持下开始了研制，并且将研制任务交给了苏霍伊设计局。

1947年6月，该机的设计图完成。1947年3月被命名为苏-12。1947年8月，原型机顺利生产。虽然缺乏一些仪器设备，但还是在1943年8月26日进行了首飞。试飞一直持续到1949年9月。后来在捷克斯洛伐克境内的工厂投入了生产。

基本参数	
长度	13.05米
翼展	21.57米
高度	4.54米
空重	9510千克
动力系统	2台Ash-82FN型活塞式发动机
实用升限	11000米
最大航程	1140千米

▲ 苏-12侦察机后视图，炮兵的空中千里眼

■ 作战性能

苏-12侦察机可以单发安全飞行,操纵稳定,甚至可以在平飞中双脱手飞行,这在20世纪40年代的苏联战术飞机中是很罕见的。苏-12的续航时间长达4小时,同时它还可以载弹800千克,进行一些小型轰炸,因此很受军方欢迎。

▲ 苏-12侦察机侧后视图,炮兵的空中千里眼

■ 知识链接

苏霍伊设计局成立于1939年,以设计战斗机、客机、轰炸机闻名于世。首任总设计师为帕维尔·奥西波维奇·苏霍伊。苏霍伊在其几十年的飞机研制生涯中一个最突出的特点是大胆采用最新科技成果,敢为天下先,使苏霍伊设计局所设计成功并投产的机种都成为当时世界上极为优秀的飞机。设计的著名机种有苏-9、苏-15、苏-24、苏-25、苏-27、苏-30、苏-33、苏-35等。

YAK-27 FLASHLIGHT
雅克-27侦察机（苏联）

■ 简要介绍

雅克-27是苏联的一种超声速侦察机，其最成熟的变种机型是雅克-27R战术侦察机，该款战术侦察机的北约报告名称为"红树林"。它的出现旨在取代亚声速伊柳辛Ⅱ-28侦察机。然而，尽管雅克-27R的速度和上限更大，但航程更小。另外雅克-27R也有一些操作限制，且只有最有经验的飞行员才能让它以超声速飞行。发动机的低位使它们很容易从未改进的前基座跑道吸入外物。随着防空导弹在欧洲越来越常见，高空中雅克-27R的作用往往比伊柳辛Ⅱ-28更有限。

◀ 俄罗斯莫斯科莫尼诺中央空军博物馆中保存了一架雅克-27R飞机

■ 研制历程

雅克-27是在1958年以雅克-121为原型开发而来。是由雅克夫列夫实验设计局研制的。其代表型号雅克-27R在1960年开始服役于苏联空军，20世纪70年代初，雅克-27R从苏联空军退役，并被雅克-28R和米格-25R取代。

▲ 雅克-27最成熟的变种机型是雅克-27R战术侦察机，该款战术侦察机的北约代号为"红树林"

基本参数	
长度	18.55米
翼展	11.82米
高度	4.05米
最大起飞重量	13600千克
动力系统	2台图曼斯基RD-9F发动机
最大航速	1285千米/小时
实用升限	16550米
最大航程	2380千米

■ 作战性能

雅克-27的天线罩和雷达被替换为用于观察人员或导航仪用的玻璃机鼻，还添加了两个照相机，并且在飞机入口板中去掉了Nudelman-Rikhter NR-23大炮。它有一个较长的翼，跨度为11.82米，使用两个翼油箱时航程能达到2380千米。

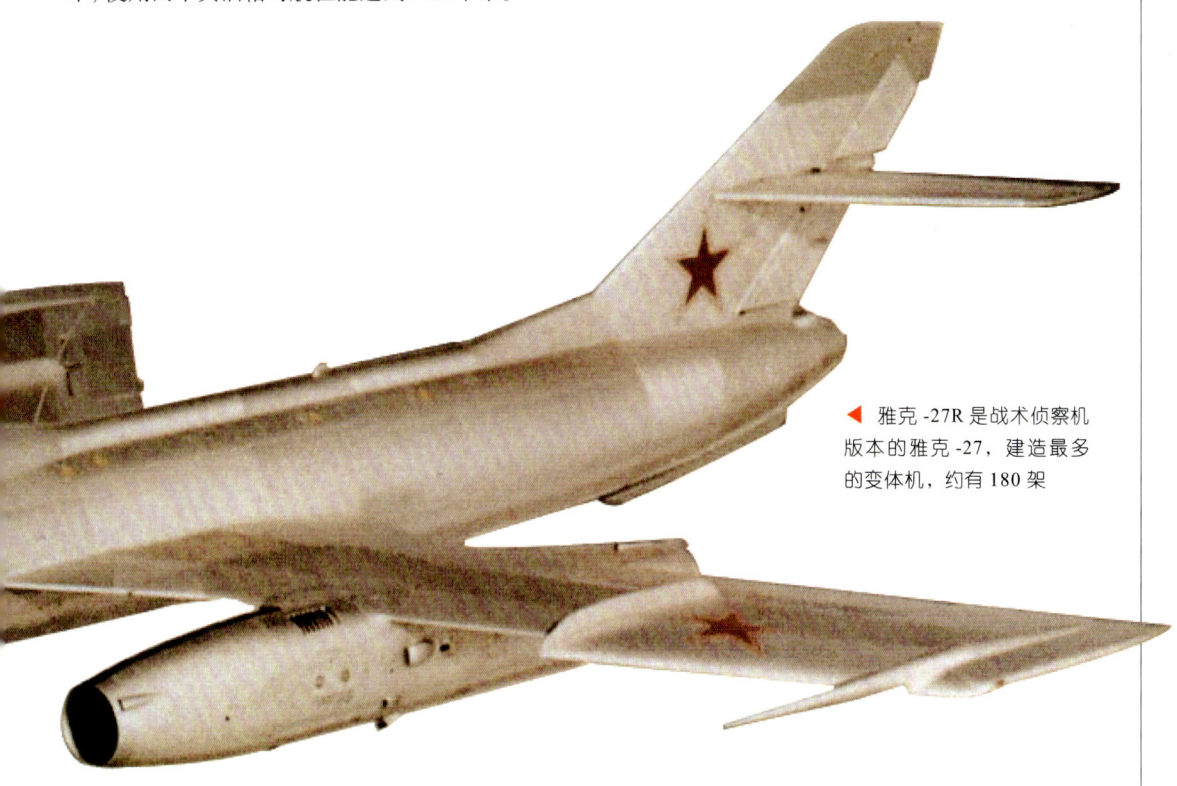

◀ 雅克-27R 是战术侦察机版本的雅克-27，建造最多的变体机，约有180架

▲ 雅克-27

■ 知识链接

雅克夫列夫实验设计局成立于1939年，第一任总设计师雅克夫列夫，是苏联的多面手设计师，因此这个设计局研制过多种不同类型的军机。该局研制过卫国战争中大量使用的雅克-1、雅克-3等歼击机。战后研制了雅克-25截击机、雅克-28超声速前线轰炸机。以后又研制了雅克-141舰载战斗机等，总共设计出200多个型号的飞机，其中约有100个型号投产，总计生产量达7万多架。

ILYUSHIN IL-20M
伊尔-20"黑鸭"电子侦察机
（苏联／俄罗斯）

■ 简要介绍

伊尔-20，代号"黑鸭"，是苏联航空电子侦察的主力军。冷战期间，伊尔-20频频活动于敏感地区，为苏联获得电子战数据做出了重要贡献。它经常在挪威海岸上空被发现，有时还在波罗的海以及南面的英国防空区出现。这种飞行路线表明，这种飞机是由苏联海军北方舰队和波罗的海舰队使用。

◀ 前机身两侧各有一个长4.40米、高0.88米的整流罩，内装各种传感器及照相机

■ 研制历程

20世纪50年代，为了支持民航需要，苏联开始筹划研制一款中型客机。伊留申设计局和安东诺夫设计局分别拿出了自己的作品进行竞争，其中伊留申设计局的方案是伊尔-18客机。1957年该机首飞成功。后来，苏联军方开始寻求将其改装为反潜巡逻机和电子侦察机。1970年，苏联在伊尔-18基础上改进出伊尔-20电子侦察机装备部队。

▲ 1970年，苏联在伊尔-18基础上改进出的伊尔-20电子侦察机装备部队，北约称为"黑鸭"。苏联又将其称为伊尔-18D-36"野牛"

基本参数	
长度	35.9米
翼展	37.42米
高度	10.17米
空重	36000千克
最大起飞重量	64000千克
动力系统	4台AI-20M涡轮发动机
最大航速	675千米/小时
实用升限	7000米
最大航程	6500千米

■ 作战性能

伊尔-20保持了伊尔-18客机的舷窗,但在其他方面做了全面改进,以执行信号情报任务。前机身下有一巨大独木舟型整流罩,前机身两侧左右对称各有一大型整流罩,驾驶舱后面的机身顶部有一塔型双排天线阵。机身上面的天线被认为是卫星通信系统的一部分;机身两侧的对称矩形整流罩内装有光学或红外传感器,机身下独木舟型整流罩,一般认为装有J波段机载侧视雷达天线。

▼ 乘员13～20人。机身腹部装有一个长10.25米、宽3.20米、高1.15米的雷达罩,内装侧视雷达天线

▲ 伊尔-20装备部队后,成为苏联航空电子侦察的主力军。冷战期间,伊尔-20频频活动于敏感地区,为苏联获得电子战数据做出了重要贡献

■ 知识链接

苏联解体以后,伊尔-20的技术水平无法和RC-135美国大型电子侦察机相提并论,然而出人意料的是,伊尔-20没有因此落寞沉寂,反而表现得更加活跃。2012年下半年,伊尔-20连连"造访"日本近海,弄得日本航空自卫队叫苦不迭。

AICHI E13A
零式水上侦察机（日本）

■ 简要介绍

零式水上侦察机，简称零式水侦，是爱知飞机研发的水上侦察机。为日军在二战初主力舰载水上飞机，可承担侦察与对地攻击任务。同时期还有另一款名为"零式"小型水上侦察机的机种服役量产，但两者并非同型机。零式水侦多才多艺，除了用于侦察，也有用于反潜、巡逻和联络等工作，在战争后期也曾用于特攻作战。1945年日本战败时，日本尚存约200架的零式水侦，大部分部署在海外基地；后来有8架被法国海军缴获用于中南半岛战场。

■ 研制历程

零式水上侦察机的开发始于1937年，开发它目的是为了取代速度较慢的双翼九四式水上侦察机。日本海军提出了"十二试三座水上侦察机"的开发方案，要求厂商开发一款能在军舰、陆上基地共用的长程水上侦察机，极速标准为时速370千米，原型机交付给军方的期限为1938年9月。

零式水上侦察机虽然是爱知研发，但公司所属工厂因主要生产九九式舰上轰炸机，因此只少量生产了133架零式水上侦察机；大部分由广海军工厂与九州飞机代工，尤其是九州飞机生产了1237架，实际上为其主要生产商。

▲ 一架被美军击中的零式水上侦察机

◀ 零式水上侦察机在航母上集结待命

基本参数	
长度	11.49米
翼展	14.5米
高度	4.7米
空重	2524千克
最大起飞重量	3650千克
动力系统	三菱金星四三型风冷式发动机
最大航速	367千米/小时
实用升限	7950米
最大航程	2089千米

■ 作战性能

零式水上侦察机为一架三座、低单翼侦察机。机体铝合金制，连接两具浮筒；设有小型炸弹舱，可在内部装载2枚60千克的小型炸弹，250千克炸弹则需外挂。初期版本浮筒和机身以4条支柱和张线连接，之后取消张线而把支柱加至8条。机翼则为铝、木混合制品，可折叠收纳，木质部分主要是翼端结构，为了减低机体复杂性，机翼并没有设计襟翼，只装有一般的控制面。

▲ 零式水上侦察机乘员为3人，分别为驾驶员、观察员和后部机枪手

■ 知识链接

零式水上侦察机装备不久，太平洋战争就打响了，它作为日本海军主力的水上侦察机被部署在各水上飞机基地和军舰上，如航空巡洋舰"最上"号上载有4架。在偷袭珍珠港行动前，重巡洋舰"利根"号上的零式水上侦察机就侦察过珍珠港，之后在各南太平海战当中也有它的身影，为日本海军提供侦察情报。

YOKOSUKA R2Y
"景云"式侦察机（日本）

■ 简要介绍

"景云"是日本海军在太平洋战争中试制的一种高空高速战略侦察机，也是日本海军二战时期研制的最后一种陆基侦察机，其性能自然凌驾于同行前辈之上，部分性能足以和当时最好的活塞式战斗机一较高下。它采用由延长轴穿过座舱驱动螺旋桨的独特布局方式，并且选用日本飞机极少使用的2台液冷发动机并联为动力。在战争结束前仅于1945年5月进行了两次试验飞行，没有来得及量产，但其设计理念与技术都是一流的。

■ 研制历程

1943年，随着太平洋战争局势的变化，日本海军需要一种小型高空高速战略侦察机，于是下达了名为"18试陆上"侦察机的研制命令，接到命令后，空技厂便着手开始了设计工作。"18试陆上"侦察机便是后来的"景云"式侦察机。

1944年6月，随着战况的恶化，日本陆军和海军都开始大量缩减试制机的种类，"景云"也一度成为被裁的对象。但是到了1944年秋，三菱有望制成Ne-330型涡轮喷气式发动机，在现有机种中"景云"因最适合换装喷气式发动机而脱颖而出，于是"景云"研制工作得以继续进行。

1945年4月空技厂制成了未装废气涡轮增压器的1号样机，并于5月在木更津机场进行了试飞。

▲ "景云"式侦察机在生产车间

基本参数	
长度	13.05米
翼展	14米
高度	4.24米
空重	6015千克
最大起飞重量	9400千克
动力系统	2台爱知Ha-70-01液冷发动机
最大航速	741千米/小时
实用升限	11700米
最大航程	3610千米

■ 作战性能

作为侦察机，"景云"完全采取高空拍摄照片的方式侦察，机上携带有精密照相设备，其情报收集效率将比以前大大提高。驾驶员和拍摄员分别坐在两个气密座舱里，后舱即拍摄员座舱，由于不进行传统目视报告收集情报，所以后舱几乎没有视野。"景云"有着接近活塞式飞机极限的飞行性能。得益于这种出色的高空高速性能，活塞式战斗机不会对"景云"构成太大威胁，因此其没有安装自卫武器。

▲ 德国 He-119 型高速侦察机没有被德国空军采用，但其 V8 号轰炸机原型机于 1940 年 5 月被售往日本。在日本，此机被进行了仔细的研究，由此获得的见解，在活塞式发动机的 R2Y1 "景云"上得到了体现

▲ 博物馆里的"景云"式侦察机

■ 知识链接

太平洋战争（1941年12月8日至1945年8月15日）是二战的一部分，主要以太平洋和周围国家为战场。由日本和美国等同盟国家交战，战争爆发自1941年日本空袭美国太平洋基地珍珠港。美国对日宣战后，德国和意大利也对美宣战，欧亚两大战场合一。太平洋战争到1945年日本宣布无条件投降才结束。

ARADO AR-196
Ar-196舰载水上侦察机（德国）

■ 简要介绍

Ar-196是一种由德国设计生产的舰载型水上侦察机。实际使用中，Ar-196不论在空中还是在水面均有很好的操纵性，因此甚受德国飞行员喜爱。但随着德国水面战舰的损失越来越多，希特勒禁止大型水面舰艇出海作战以后，不少Ar-196A-1型水上飞机开始部署到岸基基地，并持续执行侦测和反潜任务直到1944年年末。

■ 研制历程

1936年10月，德国航空部开始要求研制He-114的替代品，随后收到了来自多尼尔、戈达、阿拉多、福克·沃尔夫等多家公司的设计。最终，阿拉多公司的设计方案胜出。德国航空部随后预订了4架原型机。

Ar-196的4架原型机（V1~V4）在1937年夏季交付完毕，V1和V2为双浮体结构的A型，V3和V4为单浮体结构的B型。最终进入生产线进行量产的是A型。另一架原型机（V5）在1938年11月完成，以作为量产前最后试验的样机。

▲ 在军舰上吊装 Ar-196 侦察机

基本参数

长度	11米
翼展	12.4米
高度	4.45米
最大起飞重量	3730千克
动力系统	BMW132K发动机
最大航程	1070千米

▲ Ar-196 侦察机飞过一艘军舰上空

■ 作战性能

Ar-196采用常规下单翼布局。机翼为全金属结构，机身采用钢管焊接结构，A型装有两个浮筒，每个浮筒内有一个300升的油箱，通过前支撑上的输油管供油。乘员为一个飞行员和一个观察员兼后座机枪手。Ar-196被德国海军众多战列舰和重巡洋舰所搭载，飞机可从舰上专门弹射架上弹入空中，回收时则用吊车从水面吊上甲板。执行任务时Ar-196通常单独行动，并选择在偏远地区的湖面上起降。

▲ Ar-196侦察机可以从军舰上投放

■ 知识链接

Ar-196参加在太平洋、印度洋海域的作战，二战期间德国海军在马来西亚槟榔屿设立了一个潜艇指挥部，并配备了Ar-196水上侦察机来为其活动在印度洋的潜艇群提供空中侦察情报，Ar-196也经常到访日军在东南亚的基地。最著名的两次任务分别是围攻英国皇家海军"海豹"号潜艇和截击英国的"惠特利"重型轰炸机。

FW-200 CONDOR
Fw-200侦察/巡逻机（德国）

■ 简要介绍

Fw-200侦察/巡逻机是德国的一种全金属4发动机单翼机，原先作为客机使用，在二战爆发后被空军用作远程侦察机、海军轰炸机与运输机。由于该机在德国对英国的大西洋海战中表现出色，重创英国运输船，导致英军资源匮乏，无法与德军作战，因此英国首相丘吉尔称其为"大西洋的祸害"。

■ 研制历程

20世纪30年代中期，德国的福克-沃尔夫飞机公司研制出Fw-200四发大型飞机，其改型Fw-200B作为一种26座的中远程客机在德国汉莎航空公司及丹麦的航空公司中投入民航运营，而Fw-200C是远程海上巡逻机。

▲ 阿道夫·希特勒的Fw-200专机

基本参数	
长度	23.46米
翼展	32.82米
高度	6.3米
空重	12950千克
最大起飞重量	24520千克
动力系统	4台BMWBramo323R2Fafni发动机
最大航速	360千米/小时
实用升限	5800米
最大航程	3555千米

■ 作战性能

为了应对战时的需求，德国空军将Fw-200侦察/巡逻机结构部增强、机翼拉长以挂载炸弹、机体内部空间增大，还在前面、后面与侧面处增加了机枪。以上这些额外的改装使Fw-200在早期有了着陆时会解体的问题，直到最后仍没有完全解决此问题。后期的样机还装备雷达。

▼ Fw-200是一架设计简单的飞机，为全金属结构、4发动机的单翼机，能够装载25名乘客，航程有3000千米

▲ Fw-200武器装备包括后部3挺机枪，中后部/背部炮塔有2挺MG 15机枪，在飞机前部1门20毫米MG 151/20机炮

■ 知识链接

对于英美之间的北大西洋运输线，德军大多数轰炸机都鞭长莫及，只有从客机改装的Fw-200四发飞机勉强能覆盖到冰岛至亚速尔群岛一带的海域。Fw-200主要负责侦察同盟国军队的海上动向，伺机偷袭无护航的商船或小型军舰。发现目标后，Fw-200先用机腹的20毫米火炮和机枪扫射，然后沿着与目标航线成15°角的方向连续投下炸弹，尽可能避开防空火力。

C-2 GREYHOUND
C-2 "灰狗"舰载运输机（美国）

■ 简要介绍

C-2运输机，代号"灰狗"，是美国一型双发后掠翼涡桨式舰载运输机。主要用于美国海军航空母舰舰上运输任务，提供航空母舰舰队关键的后勤支援，包括人员、货物及邮件的运输。新一代的C-2A型的开放匣道容许其以航空母舰作为流动基地对周遭空投物资和人员，加上其可以折叠的机翼设计和辅助动力系统，使其成为多功能的舰载运输机，这正是其他同类型飞机无可比拟的地方。

■ 研制历程

C-2运输机是美国诺思罗普-格鲁门公司研制的，首两架由E-2改装而成的原型机于1964年11月18日试飞成功，并于次年起正式投产，1966年服役。C-2机队曾于1973年进行全面翻修，以延长其服役期。1984年，美国军方批出生产合约，以39架新型号的C-2A型运输机取代较旧的机体。所有老旧的C-2在1987年被淘汰，而最后一批新机型于1990年交付美国军方使用。

基本参数

长度	17.3米
翼展	24.6米
高度	4.85米
空重	15310千克
最大起飞重量	24655千克
动力系统	2台艾利逊T56-A-425涡桨发动机
最大航速	553千米/小时
实用升限	10210米
最大航程	2400千米

■ 作战性能

C-2A及C-2A（R）机舱随时可以容纳货物、乘客或两者兼载，更配置了能够运载伤员，充任医疗护送任务的设备，并能于短短几小时内，直接由岸上基地紧急载运需要优先处理的货物至航空母舰之上。此外，机上还配备了运输架及载货笼系统，加上货机大型的机尾坡道、机舱大门和动力绞盘设施，使该型货机能在航空母舰上快速装卸物资。

■ 实战表现

1985年11月至1987年2月间,美国海军第24空中运输中队"举鹰"运输机和7架经改装的C-2A及C-2A(R)运输机一起,在短短15个月之内,投递了907185千克邮件及搭载了14000名乘客,以支援欧洲和地中海战场。此外,这些C-2A(R)运输机还在美军的"沙漠之盾""沙漠风暴"和"持久自由"等军事行动期间,担任了支援航空母舰战斗群的重要角色。

▲ 在航母上准备起飞的C-2"灰狗"运输机

■ 知识链接

C-2A驾驶舱为3人,座舱可安装美军物资管理和支援系统,可以运送货物和乘客,也可以携带病人并提供医疗任务,亦可选择装载3个2.74米×2.24米的大货盘,或5个2.24米×1.37米的中货盘。船尾有大货坡道门和动力绞车,高强度货舱装有与地板平齐的滑轨,可直列后装卸货,周转快速。"灰狗"也能空投补给和人员,并进行空中受油,为了在航母甲板停放,还能够折叠机翼。

C-5 GALAXY
C-5 "银河" 运输机（美国）

■ 简要介绍

C-5运输机，代号"银河"，是美国的一种大型战略军用运输机，是美国空军现役最大的战略运输机，也是第一种安装空中受油管的运输机，能在世界各地不着陆飞行。它能够在全球范围内运载超大规格的货物并在相对较短的距离起飞和降落。地面工作人员可以同时在C-5的前后舱门进行装载和卸载。C-5几乎可以装载美军的全部战斗装备，包括主战坦克、直升机和陆军74吨重移动剪式桥梁，从美国到达全球任何一个战场。

■ 研制历程

1962年10月底，负责研发的空军系统司令部（AFSC）根据他们的研究和预测推出CX-X计划。1964年这项计划正式改名为C-5A。同年5月18日，波音公司、道格拉斯公司、通用动力公司、洛克希德-乔治亚公司和马丁·玛丽埃塔公司参与机身的竞标。1965年8月，军方选中通用电气公司的发动机设计方案。1968年6月30日，C-5运输机在佐治亚州多宾斯空军基地首次试飞。1969年12月，美空军第1架C-5运输机正式装备部队。

▲ 2005年俄亥俄州的新型C-5M

基本参数	
长度	75.54米
翼展	67.88米
高度	19.85米
空重	169000千克
最大起飞重量	379000千克
动力系统	4台TF39非加力涡扇发动机
最大航速	919千米/小时
实用升限	10895米
最大载重航程	5526千米

■ 作战性能

美国空军在C-5运输机上采用的革新技术使其具备新的战略空运能力。它具备空中受油能力，它的航程只是受限于机组人员的忍耐力。它的先进起落装置可使其在世界各地机场包括条件简陋的机场起降。它具有很高的运输灵活性，轮式和履带式车辆能够以自己的动力驶入和驶出货舱，从而使笨重装备的装卸快速、便捷。它安装了"跪式"系统，可以升高或降低飞机地板（以及货舱地板和坡道角度），从而满足货物装载要求。

▶ C-5 "银河"运输机先进的驾驶舱内有正副驾驶员、随机工程师、领航员和货物装卸员座椅

▲ C-5 "银河"运输机驾驶舱下面的舱门可向上打开，能从前后货舱门同时装卸货物，货舱长36米、高4米、宽6米，为头尾直通型

■ 知识链接

1972年春天，C-5首次接受战火洗礼，当时，北越利用美军撤出战区的机会入侵南方。C-5运送大量的货物飞至东南亚战区。一次，C-5在9天里运送了3000名南越军人和1600吨货物。它还紧急空运坦克和直升机至南越岘港的机场。它10次飞行共运送825吨货物，并且采取了发动机不停车方式加快货物的卸载。

C-17 GLOBEMASTER III
C-17"环球霸王Ⅲ"运输机（美国）

■ 简要介绍

C-17运输机，代号"环球霸王Ⅲ"，是美国空军一大型战略战术运输机。其作战范围和功能涵盖C-5运输机所具备的一切，融战略和战术空运能力于一身，是当今世界上唯一可以同时适应战略、战术任务的运输机。C-17适应于快速将部队部署到主要军事基地或者直接运送到前方基地的战略运输，必要时该飞机也可胜任战术运输和空投任务。这种性能，帮助美军大大提高了全球空运调动部队的能力。

■ 研制历程

1980年2月，美国空军提出了C-X战略运输机的需求草案，10月提出正式文件。波音、洛克希德、麦道都提出了C-X的设计方案。1981年8月28日，美国空军宣布麦道公司为中标者，C-17原型机在1991年9月15日首飞。第一架生产型飞机也于1992年5月18日上天。随着试飞结束，转入批量生产。美国空军总共订购了222架C-17，最后一架已于2013年9月2日交付。

▲ C-17 宽大的货舱

基本参数	
长度	53.04米
翼展	51.81米
高度	16.79米
空重	125645千克
最大起飞重量	285750千克
动力系统	4台F117-PW-100非加力涡扇发动机
最大航速	830千米/小时
实用升限	13700米
最大航程	11600千米

■ 作战性能

　　C-17集战略和战术空运能力于一身。在货舱设计上,尽管C-17外形尺寸和C-141差不多,但其货舱尺寸却与外形尺寸比C-17大的C-5"银河"相当。货舱中能布置6辆卡车,或者3辆吉普车,或者装运3架AH-64武装直升机。各种被空运的车辆可直接开入舱内。可承载62吨的M1A2型主战坦克,地板上布置了系留环、导轨、滚珠、滚棒系统等设施,这些设施延伸到可在飞行中放下的货桥上,货桥上有货物降落伞拽出装置。空投能力包括空投27215～49895千克货物,或空降102名伞兵。

▲ C-17 从货舱空投物资

■ 知识链接

　　麦克唐纳-道格拉斯公司,简称麦道公司,是美国制造飞机和导弹的大垄断企业。1939年,詹姆斯·麦克唐纳创办了麦克唐纳飞机公司,成为二战中的一个大赢家。从1942年到1945年,该公司造了近3万架飞机。1967年兼并道格拉斯飞机公司,改为麦道公司。20世纪90年代后,航空业兼并风潮兴起,为了应对日趋激烈的竞争,1997年,麦道公司并入波音公司之中,麦道公司遂成为历史。

C-27 SPARTAN
C-27运输机（意大利）

■ 简要介绍

C-27是意大利G.222的美军编号，是意大利飞机公司研制的涡桨式中程军用运输机。

C-27J可执行多种任务，包括空投、伞降、灭火、特种任务及搜索与援救。其先进的驾驶舱可与夜视镜完全兼容，可昼夜全天候飞行，并可独立操作，可自行部署。G.222在意大利空军的服役过程中体现出其多用途特性，其用途大大超过了单纯的运送作用。

■ 研制历程

C-27（G.222）运输机由意大利飞机公司于1963年开始研制，1970年7月原型机首次试飞。1972年7月军方向意大利飞机公司提出订购44架，并且拖到1974年4月才正式为首批12架生产型飞机拨款，因此致使飞机的研制过程拖了近十年。第一架生产型飞机于1975年12月开始试飞，1976年生产型飞机开始交付。至1983年年中，G.222各型共有订货83架。

▲ C-27运输机为双发涡桨多用途运输机

基本参数	
长度	22.7米
翼展	28.7米
高度	9.80米
空重	14590千克
最大起飞重量	26500千克
动力系统	2台资亚特T64-P4D涡桨发动机
最大航速	540千米/小时
实用升限	7620米
最大航程	4630千米

■ 作战性能

C-27J在同级飞机中是专门设计成军用运输机的,该机与美陆军及空军的现役飞机具有互操作能力。C-27J还与C-130J有高度的通用性,使用相似的发动机及航电设备。该机的货舱可不用拆卸,直接装运美陆军的许多装备,如车辆、野战火炮、直升机的发动机及桨叶等。

▲ C-27J 的地板比 C-130 的还坚固,这使其可运输密实的货物,它还具有出色的短距起降性能,可在未铺设跑道的情况下起降

■ 知识链接

G.222运输机的基本型号出口到阿根廷(陆军3架)、刚果(3架)、迪拜(1架)、利比亚(20架)、尼日利亚(5架)、索马里(订购6架,只交付2架)、泰国(6架)以及委内瑞拉(7架),而美国的订购架数不详。

C-47 SKYTRAIN
C-47 "空中火车"运输机（美国）

■ 简要介绍

　　C-47运输机，代号"空中火车"，是美国的一种双发动机活塞式军用运输机。是二战中最著名的全金属结构军用运输机，它在二战中最显著的功绩在于支援空中突击行动，而这些行动大多是在陆航运兵司令部和英国皇家空军运输司令部的指挥下进行的。二战后，C-47也曾继续发挥作用，在1948年6月至1950年5月苏联封锁西柏林通道期间，美国空军出动C-47飞机共27700架次空运物资。

■ 研制历程

　　1938年，美国军方委托美国道格拉斯公司将当时最重要的客机DC-3改装成军用运输机。C-47是DC-3的第一种标准军用型，其1号机于1941年11月制成，12月23日交付使用，累计生产965架。C-47A是主要的批量生产型，累计生产5254架。C-47B加装了2级增压器，改善了高空飞行性能，累计生产3364架。C-47D是在战后将C-47B去掉增压器的改型。

▲ C-47 "空中火车"运输机

基本参数

长度	19.43米
翼展	29.11米
高度	5.18米
空重	8225千克
最大起飞重量	14000千克
动力系统	2台普惠R-1830-90发动机
最大航速	360千米/小时
实用升限	8050米
最大航程	2600千米

■ 作战性能

　　C-47运输机是一种非常坚固、可靠、耐用的飞机，世界上很多国家还有它飞行的身影。机身可以承受多次高炮火力的打击，曾经有就剩半个方向舵、机身弹孔累累的C-47返回基地，它们的表现完全达到当初设计时的要求。

◀ C-47 运输机

▲ C-47 运输机的驾驶舱，乘员为 3 人

■ 知识链接

　　C-47在二战时期为同盟国军队提供了高机动性的空中运输能力，在各场战役中被广泛采用，尤其是在空降诺曼底、突出部之役、瓜达尔卡纳尔岛战役、太平洋战役、新几内亚战事、缅甸战役及战后柏林封锁时对西柏林的大规模空投行动中。

C-119 FLYING BOXCAR
C-119"飞行车厢"运输机（美国）

■ 简要介绍

C-119是美国的一种活塞双发轻型战术军用运输机，代号"飞行车厢"，又称"邮船"。它用于运送货物、人员、病人和机械化设备，并通过降落伞降落货物和部队。它是最早实现重物空投的机种，还能进行伞兵空降作业，是西方国家在C-130飞机服役前广泛使用的战术运输机。C-119是美国空军和一些亲美国家与地区20世纪50—70年代广泛使用的一种运输机。

■ 研制历程

C-119的设计源于1944年开发成功的C-82军用运输机。由美国费阿柴尔德（仙童）工业公司研制。原型机试飞于1947年11月12日。1949年服役，至1955年生产停止前，各变型机累计生产了1112架。

▲ C-119"飞行车厢"运输机

基本参数	
长度	26.37米
翼展	33.3米
高度	8.08米
空重	18000千克
最大起飞重量	29000千克
动力系统	2台普惠R-4360-20发动机
最大航速	450千米/小时
实用升限	7290米
最大航程	3670千米

■ 作战性能

　　C-119有一个很具个性的外形。它采用双尾梁布局，2台发动机则装在尾梁前端，尾梁后端由一片平尾、两片梯形垂尾相连，中央翼的中部是短舱形式的机身，前后分别是5人制驾驶舱和尾部蛤壳状货门，便于货物从双尾梁之间"毫无阻碍"地进行装卸。机头另可带一个雷达罩。前三点起落架分别可收入机关内与发动机舱后部。机翼采用平直上单翼形式，中央翼下反角很大，外翼微微上反，呈变形W正视投影。空降时伞兵从机身侧面小门跳离。

■ 知识链接

　　1950年7月，4架C-119被送到FEAF进行服役测试。两个月后，C-119飞机装备了第314部队运输集团，并在整个朝鲜战争期间在韩国服役。

▲ C-119是朝鲜战争中的主要运输机机型，并在20世纪60年代的越南战争中再次获得应用，进入80年代后，该机仅在少数不发达国家使用

C-130 HERCULES
C-130 "大力神"运输机（美国）

■ 简要介绍

C-130运输机，代号"大力神"，是美国的一种四发涡桨多用途战术运输机。它能在前线简易机场跑道上起降，向战场运送或空投军事人员和装备，返航时可用于撤离伤员。改型后用于执行各种任务，用于电子监视、空中指挥、控制和通信的型别有EC-130、EC-130Q等；此外还有搜索救援和回收型、空中加油型、特种任务型、气象探测型、海上巡逻型及空中预警型。它是世界上设计最成功、使用时间最长、服役国家最多的运输机之一。从1954年首飞至今，有70余个国家或地区使用。C-130的上单翼、四个发动机、尾部大型货舱门的机身布局，奠定了战后中型运输机的设计"标准"。

■ 研制历程

美国空军于1951年向美国各大飞机制造公司发出关于新型运输机的技术招标，洛克希德公司的先进技术设计部门臭鼬工厂很快完成了代号L-206的原型机。L-206方案于1952年11月战胜了其他厂家的设计方案，获得了空军的原型机制造试验合约。原型机YC-130于1954年8月23日首飞。第一架生产型的C-130A于1955年4月7日试飞，1956年12月9日开始交付美国空军。C-130的各种任务改型近40种。

▲ C-130 运输机

基本参数	
长度	29.8米
翼展	40.4米
高度	11.6米
空重	34400千克
最大起飞重量	70300千克
动力系统	4台艾利逊T56-A-15涡轮螺旋桨发动机
最大航速	592千米/小时
实用升限	10060米
最大航程	3800千米

■ 作战性能

C-130设计上最大的特点是其设计彻底,力求满足战术空运的实际要求,因此它非常适合执行各种空运任务,如铝合金半硬壳结构机身大型的尾部货舱门。C-130的主起落架舱也设计得很巧妙,起落架收起时处在机身左右两侧凸起的流线型舱室内。这个设计使起落架舱不会占用宝贵的主机身空间,大大方便了货舱的设计,且使主机身的结构能够连续完整,强度大。另外一个好处是这种设计左右主轮距较宽,在不平坦的简易跑道上稳定性好。

■ 知识链接

20世纪60年代,世界各主要国家均按照"战略空运+战术空运"的军事空运体制,用战略运输机机群和战术运输机机群为本国的主战力量构建了军事空运后勤保障体系。战术运输机主要用于在前线战区从事近距离军事调动、后勤补给、空降伞兵、空投军用物资和运送伤员,其特点是载重较小,主要在前线的中、小型机场起降,有较好的短距起降能力。

V-22 OSPREY
V-22"鱼鹰"运输机（美国）

■ 简要介绍

V-22，代号"鱼鹰"，是美国一型具备垂直起降（VTOL）和短距起降（STOL）能力的倾转旋翼机。它可以满足32种军事任务的需求，并能赋予战场指挥官更多的选择和更大的灵活性。它出动时所需的支援较少，且不需要机场和跑道，加之维修简单，生存力强，因而特别适用于进行特种作战和缉毒行动，可大大提高军队布防、缉毒、救援、拯救人质等行动的速度。

■ 研制历程

1972年，美国航空航天局和陆军开展了一项全新的、以涡轮轴发动机驱动的倾转旋翼机计划。贝尔直升机公司于1973年获得研制合同。

1977年5月，贝尔直升机公司生产的第一架V-22原型机完成首次悬停试验。第二架原型机于1979年4月23日进行首次悬停试验，同年7月24日完成了旋翼的倾转试验。到了20世纪80年代，贝尔直升机公司与波音公司联合开始研发，1989年3月19日首飞成功。

1997年5月7日，首架MV-22B开始生产。1999年5月，开始交付14架给海军陆战队试用。2006年11月16日进入美国空军服役。

▲ 倾转旋翼机融合了直升机与固定翼飞机的优点

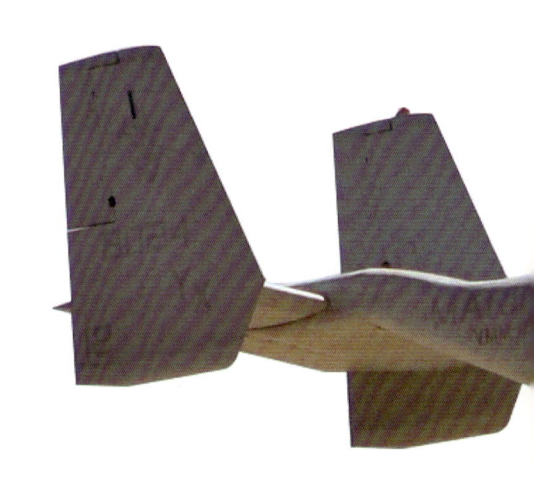

基本参数	
长度	19.13米
翼展	14米
高度	5.5米
空重	15032千克
最大起飞重量	27400千克
动力系统	2台AE1107C涡轮发动机
最大航速	509千米/小时
实用升限	7925米
最大航程	1627千米

■ 作战性能

V-22的垂直起飞和悬停时的效率稍逊于直升机,但其常规飞行性能却是直升机无法匹敌的。V-22能完成直升机所能完成的一切任务,由于其速度快、航程远、有效载荷较大等优点,它特别适合执行兵员装备突击运输、战斗搜索和救援、特种作战、后勤支援、医疗后撤、反潜等方面的任务。

■ 意外事件

V-22"鱼鹰"运输机5架原型机中有3架分别于1991年、1992年与2000年发生意外。美国在研制军用倾转旋翼机MV-22的过程中,也是事故不断,并且发生了4次坠机的重大事故,造成30人死亡。"鱼鹰"倾转旋翼机自加入美国空军服役以来,也发生过多起造成人员伤亡的坠机事故。

■ 知识链接

倾转旋翼机除军用之外,在民用运输方面也十分突出。常规直升机由于经济性差、速度较小、振动大,作为一种运输工具受到了很大限制。而倾转旋翼机的飞行速度与支线客机相近,可在没有机场的任何地区执行运输任务,特别适用于经济不发达地区的开发和建设,而且其运输成本要比常规直升机和固定翼飞机低得多,在商业上具有极高的价值。

C-141 STARLIFTER
C-141 "运输星" 运输机（美国）

■ 简要介绍

C-141运输机，代号"运输星"，是美国空军主力战略运输机之一，也是世界上第一种完全为货运设计的喷气式飞机，亦是第一种使用涡扇发动机的战略运输机。自从1965年服役以来，它一直作为战略空运部队的重要组成部分。C-141飞机参与了从越战到伊拉克战争的历次军事作战，在为美国军队提供保障上创造了纪录，并且还完成了对近70个国家进行人道主义救助的运输任务。

■ 研制历程

C-141由美国洛克希德公司研制，有两种型别，C-141A基本型，1964年4月首批订货127架，1982年2月交付完毕后停产。C-141B型在A型基础上加装了空中加油设备，航程因此大大提高。1977年3月原型机YC-141B首次试飞，1979年12月第1架交付使用，1982年6月270架全部改装完毕。2006年5月，美国空军已经将最后一架C-141送往美国空军国家博物馆，从而结束了它43年的运输生涯。

▲ C-141的货舱设计对于工作人员来说相当方便。在运送车辆、小型飞机等带有轮子的货物时，工作人员可以使用平坦的货舱地板；也可以快速地更换成带有滚轴的地板，方便装卸箱装货物等

基本参数	
长度	51.29米
翼展	48.74米
高度	11.96米
空重	67185千克
最大起飞重量	155580千克
动力系统	4台TF33-P-7非加力涡扇发动机
最大航速	912千米/小时
实用升限	12680米
最大航程	10279千米

■ 作战性能

C-141的货舱虽然不如后来出现的C-5和C-17的大，但是也能轻松地装载长达31米的大型货物。其货舱也可一次运载208名全副武装的地面部队士兵，或168名携带全套装备的伞兵。该型还可以运送"民兵"战略弹道导弹。在海湾战争期间，C-141飞行了37000架次，90%的架次能准时抵达目的地。C-141B的空中加油装置配合美军加油机的硬式加油管，能够在26分钟里为飞机加89649升油料。

▲ C-141驾驶舱乘员为5名，正副飞行员各1名、飞行工程师2名、装卸员1名

▲ C-141运输机空投伞兵

■ 知识链接

在C-141的飞行历史上，最引人注目的三件大事是：1969年，美国"阿波罗"11号首次人类登月成功后，一架C-141将从月球返回的宇航员及密封舱从夏威夷运回休斯敦；1973年2月12日，一架C-141飞抵越南河内附近的嘉林机场将第一批越战期间的战俘运送回美国；1973年10月，在"赎罪日战争"中，为支持以色列，C-14飞行员们飞行了421架次、运送了10000吨设备及供给品。

ANTONOV AN-12 CUB
安-12"幼狐"运输机（苏联/俄罗斯）

■ 简要介绍

安-12运输机，代号"幼狐"，是苏联的一种四发涡桨军用运输机，由安-10旅客机发展而来，但重新设计了后机身和机尾。它是一种用途广泛、使用时间较长的运输机。自问世以来，许多重大历史事件中，都少不了它的出场。除供本国军用和民用外，还向波兰、印度、埃及、叙利亚和伊拉克等十多个国家出口100多架，其中大部分供军用，少量民用。

■ 研制历程

安-12是苏联安东诺夫设计局研制的一种运输机，第一架原型机于1957年12月16日首飞，1958年投入批量生产并交付使用。1965年在军用型基础上发展成为民用型的安-12B，它的尾部炮塔被改为卫生间。安-12共有几十种改型，1973年停产，总共生产约850架，其中军用型700多架，民用型100多架。

▲ 各种安-12改型是最基本的军事运输机，在其基础上，只生产了一种特种用途飞机，即无线电电子系统干扰机

基本参数	
长度	33.1米
翼展	38米
高度	10.53米
空重	28000千克
最大起飞重量	61000千克
动力系统	4台AI-20涡桨发动机
最大航速	777千米/小时
实用升限	10200米
最大航程	5700千米

■ 作战性能

安-12的后机舱（货舱）可容纳100名伞兵，或65副伤员担架，或2门小型火炮加1辆拖车，或1辆中型坦克。由于后机舱不密封，所以运送大批兵员时，飞行高度要限制在5000米以下。安-12的机身后部没有采用壳式后舱门。它的机身后部是平面形的，这样的设计对结构和气动都有好处。安-12的尾部设有炮塔和警戒雷达，并配备有2门23毫米口径航炮。

▲ C-141驾驶舱乘员有5名：2名飞行员、1名机师、1名领航员、1名无线电操作员

■ 知识链接

安东诺夫设计局创建于1946年，以设计师奥列格·康斯坦丁诺维奇·安东诺夫的名字命名，总部位于乌克兰首都基辅西郊，主要负责运输机的研制生产。安东诺夫设计局先后研制了多种型号的运输机：安-10、安-12、安-22、安-24、安-26、安-72、安-74等中型运输机及其改型，安-22和安-124重型运输机，安-225超重型运输机，它们至今仍是世界上载重量最大、飞行距离最长的飞机之一。

ANTONOV AN-22 COCK
安-22"雄鸡"运输机（苏联/俄罗斯）

■ 简要介绍

安-22运输机，代号"雄鸡"，是苏联的一种远程重型军用运输机，主要用于运载重型军事装备，是人类历史上制造过的最大的涡桨飞机。它能在边远地区的简易机场起落。苏联曾使用安-22执行战略空运任务，飞往西半球、非洲和中东，在出兵捷克斯洛伐克及阿富汗时所使用的主要运输机也是安-22。安-22曾多次创造世界飞行纪录。1967年10月26日，安-22创造了14项有效载重高度飞行纪录。

■ 研制历程

1962年苏联安东诺夫设计局开始研制安-22，1965年2月首次试飞，1966年投入批量生产，1967年开始交付使用，1974年停产，共生产了85架，交付空军50架，民航35架。该机创造了多个飞行世界纪录。尽管在苏联解体多年以前，更为先进的伊尔-76已经开始进入苏军服役，但苏军的主力运输机仍然是安-22。至1992年，仍有45架安-22在俄罗斯空军和民航服役。

▲ 安-22是人类历史上制造过的最大的涡桨飞机

基本参数	
长度	57.92米
翼展	64.4米
高度	12.53米
空重	114000千克
最大起飞重量	250000千克
动力系统	4台HK-12MA发动机
最大航速	740千米/小时
实用升限	7500米
最大航程	5000千米（最大载重） 11000千米（最大载油）

■ **作战性能**

　　安-22货舱容积640立方米，可运载地空导弹、火箭发射车、导弹运输车、坦克、汽车等。驾驶舱内乘员5~6人，驾驶舱后面有一个与主货舱隔开的可容纳28~29名乘客的机舱。

　　安-22投入服役之初，是苏联唯一可运载T-62坦克的运输机，可载重80吨飞行5000千米。

■ **动力装置**

　　四台库兹涅佐夫涡桨发动机，功率4×15000轴马力，每台发动机驱动一对直径为6.4米的四叶同轴对转螺旋桨，着陆时可反桨，缩短着陆距离。该机具备在野战机场起降的能力。前起落架为双轮，每个主起落架为三组共六轮，轮胎气压可在飞行或停放时进行调节，从而适应不同的跑道条件。

▲ 安-22 运输机宽大的货舱

■ **知识链接**

　　1968年8月20日，苏联第105空降师乘30架安-12型运输机，从驻地白俄罗斯的维杰布斯科起飞，在战斗机和轰炸机掩护下，以每分钟1架的间隔空运到布拉格。空降兵着陆后搭乘空运来的坦克和其他战斗车辆向布拉格市区突进，6小时内即控制了该市所有交通要道，包围中央委员会大厦、国防部、外交部，占领了邮电局、广播电台等部门。

ANTONOV AN-32 CLINE
安-32"斜坡"运输机（苏联/俄罗斯）

■ 简要介绍

安-32，代号"斜坡"，是苏联的一种双发中短程运输机，是安-26的发展型号。安-32主要用于高温、高原机场，能在海拔4000~5000米且比标准大气温度高25℃的机场上起降。1985年，安-32创造了14项纪录。其中，10月25日，载重2000千克爬升到11760米的高度；11月5日，载重5000千克爬升到11230米的高度。

■ 研制历程

安-32运输机是安东诺夫设计局研制的。1976年飞机首飞，1977年5月在巴黎航展上展出。1984年7月11日首批飞机向印度交付。主要型别有：安-32、安-32B和安-32P。至1992年共生产了337架。

▲ 安-32运输机驾驶舱

基本参数	
长度	23.68米
翼展	29.2米
高度	8.75米
空重	16900千克
最大起飞重量	27000千克
动力系统	2台伊伏琴柯AI-20D涡桨发动机
最大航速	530千米/小时
实用升限	9400米
最大航程	850千米（最大荷载）

■ 作战性能

安-32的机身为全金属半硬壳式结构,机身下部为硬铝钛合金蒙皮,以便保护机身下部。机翼为悬臂式上单翼全金属双梁结构,共分5段:中央翼、两段内翼和两段可拆卸的外翼。中央翼内有10个软油箱,内翼前后梁之间为整体油箱。右发动机短舱内设有压力加油口,每个油箱上方都有重力加油口。尾翼为悬臂式全金属结构。起落架为前三点液压可收放式。驾驶舱设有5名乘员:正副驾驶员、领航员、无线电报务员和飞行工程师。舱内有活动电绞车,可吊起2000千克货物。沿着座舱的两侧可各装一排座椅,可载39名乘客或伞兵,或可安排24副担架伤员和一名医护人员。

▲ 安-32后舱口打开状态

■ 知识链接

2019年6月3日,一架载有8名机组人员和5名乘客的印度空军安-32运输机从约哈特起飞前往曼楚卡前线机场期间失事,机上13人全部遇难。印度空军安-32运输机上一次坠机是在2016年。20世纪80年代,印军共购买了百余架安-32军用运输机,这批运输机是印军战术空运部队的主力。由于机体老化,印度将其中40架安-32送往乌克兰进行了一些现代化升级。

ANTONOV AN-72 COALER
安-72 "运煤车" 运输机
（苏联/俄罗斯）

■ 简要介绍

安-72，代号"运煤车"，是苏联的一种双发短距起落运输机，它是短程运输机安-26的后继机。外形与美国波音公司的YC-14很像。能在土跑道或冰雹覆盖的跑道上起落，也能在未经铺设的自然着陆场地或欧洲小块场地起落。由此可见，安-72虽然是设计供苏联民航和其他国家的航线公司使用的，但是，该型号具有明显的军事潜力，特别是在支援雅克-36垂直起落战斗机作战方面也是一种比较理想的军用飞机。

■ 研制历程

安-72是安东诺夫设计局在安-60的基础上发展而来的。1968年在苏联军方发布了对安-26后继机的要求后进行改进设计，包括将发动机短舱布置改为"肩扛式"。1977年8月31日，由基辅厂制造的首架原型机在法国巴黎航展上展出。

1979—1981年间先后制造了5架预生产型飞机，包括3架飞机试验机、1架静力试验机体和1架疲劳试验机体。批量生产转交给哈尔科夫飞机制造公司。首架生产型飞机于1985年12月22日首飞。

安-72最后一次在西方露面是1984年参加英国法恩伯勒航展，后来发展成新的中短程短距起落运输机安-74。

▼ 安-72特点是发动机背在机翼上，且靠近机翼根部。这样做有两个好处，把发动机放在机翼上可以通过上表面吹气技术增加升力，能有效缩短降落时的滑跑距离，而且也能避免发动机吸入跑道上的异物，总之就是为了满足在状况较差的机场跑道上短距离起降的要求而设计

▲ 发动机放在机翼上方，飞机的可维护性不太乐观，不太方便修理

基本参数	
长度	28.07米
翼展	31.89米
高度	8.75米
空重	19050千克
最大起飞重量	34500千克
动力系统	2台洛塔列夫D-36涡扇发动机
最大航速	705千米/小时
实用升限	10700米
最大航程	800千米（最大荷载）

■ 作战性能

安-72最初的研制目的是用于取代安-26，主要强调货运能力。与安-26一样，安-72具有特殊的装卸斜板和装卸门，而且具有较高的飞行特性，能够进行短距起降。它在1983年11月至12月创下了17项世界飞行纪录。发动机装于机翼上，可增加短距起降能力，也可避免起降时跑道异物侵入。该机装有低压多机轮的起落架，可在未制备跑道、沙砾路面及覆盖冰雪的跑道上起降。另外，发动机所处位置可屏蔽部分发动机喷流，可减小发动机噪声。

▲ 安-72 运输机

■ 知识链接

安-72系列飞机在南极、北极执行任务时一般都要进行冰上作业，起降距离往往小于400米。在南极服役的安-72飞机主要用于通信以及为科学考察站提供补给，也可用于应急运送考察队伤员。

ANTONOV AN-124 CONDOR
安-124"秃鹰"运输机
（苏联/俄罗斯）

■ 简要介绍

安-124，代号"秃鹰"，是一种战略运输机，是目前世界上第二大的运输机。它替代了1974年停产的安-22战略运输机，在性能上优于美国的C-5运输机。安-22运输机上有厕所、洗澡间、厨房和两个休息间，远程飞行时飞行员可以得到较好的休息。它拥有20多项国际航空联合会FIA承认的世界飞行纪录。安-124目前主要租赁给各国客户，提供超大、超重货物运输服务，据称每飞行小时的租赁费用为6000~8000美元。苏联解体后，该机主要用作商业租赁，为大量西方客户提供了空运服务。

■ 研制历程

安-124原本名为安-400，计划名称为安-40，研发目的是生产一款比安-22更大的运输机。1972年2月2日，苏联政府通过了该机的项目研制决议，责令安东诺夫设计局启动研制工作。首架原型机在1982年12月26日首飞，第二架原型机名为"鲁斯兰"，在1985年的巴黎航展上首次向西方国家亮相，而飞机名称同时改为安-124。

1986年第五架原型机参加了英国范登堡国际航展，引起国际轰动，并于同年1月交付使用。1987年安-124全面投产，至1995年1月已生产了51架，而俄罗斯空军共装备36架。2007年俄军表示计划重新开始生产该机的改进型号。

▼ 安-124机头全尺寸货舱门

基本参数	
长度	69.1米
翼展	73.3米
高度	20.78米
空重	173000千克
最大起飞重量	405000千克
动力系统	4台D-18T-S3非加力发动机
最大航速	865千米/小时
实用升限	12000米
最大航程	15000千米

■ **作战性能**

安-124在1985年创下了载重171219千克物资、飞行高度10750米的纪录，打破了由C-5创造的载重高度原世界纪录。安-124机头机尾均设有全尺寸货舱门，分别向上和向左右打开，货物能从贯穿货舱中自由出入。

安-124机腹贴近地面，方便装卸工作。起落架为前三点式，采用24个机轮。其货舱分为上下两层。上层舱室较狭小，6名机组人员和1名货物装卸员组成的机组的座位均在此，另外上层舱室还可载88名乘客。下层主货舱尺寸为36米（长）×6.4米（宽）×4.4米（高），载重可达150000千克，起飞重量达405000千克。这一指标约为C-17的2倍，C-5的1.25倍，安-22的1.875倍。

▲ 两架 B-52、两架 图-95 和一架安-124 在停机场

■ **知识链接**

根据俄罗斯国防部发布的统计数据显示，从2015年9月7日到2016年1月10日的123天时间里，俄罗斯空军运用10架安-124"鲁斯兰"大型战略运输机，任务起降280架次。

ANTONOV AN-225 COSSACK
安-225"哥萨克"运输机（苏联）

■ 简要介绍

安-225运输机，代号"哥萨克"，是苏联的一种超大型军用运输机。它是为运输"暴风雪"号航天飞机而研制的。国际航空联合会在2004年11月制定的新世界纪录标准中，安-225是长程飞行的载重纪录保持者，拥有多项起飞重量300吨以上等级型号的世界纪录。

■ 研制历程

安-225运输机是苏联在1985年春季因应当时"暴风雪"号航天飞机与其他火箭设备之运输需求，由安东诺夫设计局研制设计。1988年11月30日，第一架安-225完工出厂，12月21日在基辅进行第一次试飞，1989年5月12日完成首次"暴风雪"号的背负飞行。后来"暴风雪"号航天飞机计划中止，而专门为了太空计划而设计建造的安-225也就失去了存在的意义。

安-225运输机共生产两架，但仅有一号机完工并投入使用，另一架二号机未完工，均归乌克兰所拥有。

2022年3月4日被新闻证实，由于俄乌冲突，一号机被损毁于乌克兰戈斯托梅利机场。

基本参数	
长度	84米
翼展	88.4米
高度	18.1米
空重	175000千克
最大起飞重量	640000千克
动力系统	6台ZMDB Progress D-18涡扇发动机
最大航速	850千米/小时
实用升限	10000米
最大航程	15400千米

▲ 参加第38届巴黎国际航空航天展览会的安-225飞机，该飞机背面装载着苏联"暴风雪"号航天飞机

■ **作战性能**

　　安-225是在安-124的基础上延长了机身，但客舱的基本横截面和头部舱门未变，取消了后部装货斜板、舱门。为了背负"暴风雪"号并避开在飞行过程中航天飞机后方所产生的乱流，安-124原本的单垂尾设计被两个位于水平尾翼末端带上反角的对称垂直尾翼所取代，变成一个由正前方看去是"H"字形的尾翼，所有翼面都后掠，方向舵分为上下两段，升降舵则分为三段。为了提供足够的推力，安-124原本所搭载的4台ZMDB Progress D-18高涵道比涡扇发动机也被增加到6台，而整体结构也根据尺码与重量的增加而进行适当的强化。飞机的最大起飞重量和载重能力都增加了50%。

■ **知识链接**

　　"暴风雪"号航天飞机是苏联为了应对美国航天飞机而开发的。它是苏联的第一架（到目前为止也是唯一的一架）可重复使用的载人空间运输工具。航天飞机前方的座舱能够容纳六名机组乘员，但它的唯一一次飞行是无人的。在这次飞行之后，"暴风雪"号航天飞机就因为费用问题而被弃用了。

ILYUSHIN IL-76
伊尔-76"耿直"运输机
（苏联/俄罗斯）

■ 简要介绍

伊尔-76运输机，代号"耿直"，是苏联一型四发大型军民两用战略运输机。它是世界上极为成功的一款重型运输机，与美国的C-141不相上下，至今已有超过38个国家使用过或正在使用伊尔-76，共有超过850多个营运者。

■ 研制历程

20世纪60年代末，由于苏联军事空运主力机型安-12已经显得载重小和航程不足，苏联为了提高其军事空运能力，决定研制一种类似于美国C-141的运输机。苏联的伊留申设计局得到设计任务，以C-141为假想敌进行研制，第一架原型机于1971年3月25日在莫斯科中央机场首次试飞。试飞持续到1975年结束，尔后投入批量生产并交付部队和民航。到1992年年初，共生产700多架，年产量在50架以上。

▲ 伊尔-76可运载150名全副武装士兵，或120名伞兵

基本参数	
长度	46.6米
翼展	50.5米
高度	14.76米
最大起飞重量	190000千克
动力系统	4台D-30KP-ser.2发动机
最大航速	800千米/小时
最大航程	4200千米（载重40吨）

■ 作战性能

伊尔-76军用型机翼下有4个外挂点,每个可挂500千克炸弹、照明弹、标志弹。伊尔-76还具有改装成飞行医院的能力。机上装有全天候昼夜起飞着陆设备,包括自动飞行操纵系统计算机和自动着陆系统计算机。机头雷达罩内装有大型气象和地面图形雷达。为适应粗糙的前线机场跑道,伊尔-76采用了低压起落架系统,以及能在起降阶段低速飞行时提供更大升力的前后襟翼。机内装有绞车、舱顶吊车、导轨等必备的装卸设备,方便装卸工作。

▲ 伊尔-76正在空投人员和物资

■ 知识链接

伊留申航空联合体股份公司是俄罗斯联合航空制造公司的一个子公司。作为俄罗斯主要的飞行器设计与制造机构,其前身为俄罗斯的由谢尔盖·伊留申于1933年1月13日建立的伊留申设计局。之后它经历了私有化,更名为伊留申航空集团。2006年2月,伊留申集团与俄罗斯其他主要航空、航天设计或制造公司合并成立"联合航空制造公司"。

TRANSALL C-160
C-160"协同"运输机（法国/德国）

■ 简要介绍

C-160运输机，代号"协同"，是由法国、德国联合生产的一种双发动机战术运输机。它采用平直翼和涡桨发动机，具有大容量货舱。可在简易跑道上起降，执行货物、部队运输和疏散伤员等任务。C-160是对法国、德国部队机动性和补给都有重大意义的中型运输机。

■ 研制历程

二战后，从战争废墟中艰难恢复的德法两国走上了和解之路。在共同推动欧洲一体化建设的同时，两国都认识到，过度依赖美国武器必将受制于人，于是两国开始尝试联合研制某些武器。

1959年1月，法国和德国就生产新型运输机项目建立了运输机联盟，联盟由法国诺德航空公司和德国汉堡飞机制造厂旗下的联合航空技术公司——福克公司组成。

第一架C-160原型机于1963年2月25日首飞。第一批共169架生产型C-160于1972年之前制造完毕。为法国研制的C-160NG中的第一架于1981年4月9日试飞，到1985年之前，29架制造完毕。C-160H型是一种通信中继改型，共生产了4架，1987年交付法军。

◀ C-160 飞行模拟器

基本参数	
长度	32.4米
翼展	40米
高度	11.65米
空重	28000千克
最大起飞重量	51000千克
动力系统	2台TyneRty.20Mk22涡桨发动机
最大航速	513千米/小时
实用升限	8230米
最大航程	8858千米

■ 作战性能

C-160H型是一种通信中继改型，可以完成与法国战略弹道导弹核潜艇的通信工作，配备了抗干扰VLF通信设备，并带有尾部拖曳天线。C-160还发展出了Gabriel电子侦察型，同样在法军服役。该型号可收集敌方的电子信号情报，座舱内经过改造，安排了多个情报收集工作系统和操作手座席。1999年法军完成了对其C-160的升级工作。座舱内新增平视显示器（HUD），改装了新型自卫干扰电子战设备，加装了EFIS854TF飞行控制系统。

▲ C-160非常适合短跑道机场，能够执行高达20°的陡峭下降，并在短达400米的跑道上执行着陆，从短至700米的跑道起飞。

■ 知识链接

涡桨发动机是一种通常用于飞机上的燃气涡轮发动机，涡桨发动机的驱动原理大致上与使用活塞发动机作为动力来源的传统螺旋桨飞机雷同，是以螺旋桨旋转时所产生的力量来作为飞机前进的推进力。其与活塞式螺旋桨机主要的差异点除了驱动螺旋桨中心轴的动力来源不同外，还有就是涡桨发动机的螺旋桨通常是以恒定的速率运转，而活塞动力的螺旋桨则会依照发动机的转速不同而有转速高低的变化。

ME-323 GIGANT
Me-323 "巨人" 运输机（德国）

■ 简要介绍

Me-323运输机，代号"巨人"，是二战期间的德国军用运输机，是二战中最大的陆上运输机，共制造201架，其中各型别的数量不明。除试验用机外，它们全部供给第323特战航空团及其后身第5运输航空团，在战场上消耗殆尽。这种由滑翔机发展的大型运输机虽然因笨重的机体和缓慢的速度成为战斗机最好的猎物，但它那大容积、低底板的货舱，可开放的机头门扉和多轮起落架的设计被认为是现代军用运输机的鼻祖。

■ 研制历程

1940年10月12日，德国航空部向容克斯公司和梅塞施米特公司下达迅速研制供入侵英国本土作战用的大型滑翔机的指令。1941年2月，容克斯公司的赫尔德尔设计组完成原型1号机。同年2月25日，原型1号机载4吨配重由Ju-90曳航试飞成功。尽管试飞期间事故不断，但在首飞三个月后的1941年6月，德国空军还是组建了"巨人"大型运输滑翔机联队。

Me-323乘员组共5名，其中操纵名1名、通信员1名、搭载指挥员1名、机枪手2名。机上固定武器为机头货舱门上部左右伸出的7.9毫米MG15机枪。货舱还有供搭乘士兵用MG34机枪射击的小窗。

▲ 打开机头货舱门的Me-323

基本参数	
长度	28.46米
翼展	55.2米
高度	10.15米
空重	27330千克
最大起飞重量	43000千克
动力系统	6台格罗姆–罗纳14N48/49发动机
最大航速	285千米/小时
最大航程	800千米

■ 作战性能

Me-323以一个长11米、宽3.15米、高3.32米的箱形货舱为中心，前面的机头是可向两旁张开的贝壳形货舱门，能直接装入大体积货物。为方便车辆进出，货舱底板离地面很低并设计了特殊的坡道。货舱上方是一根钢管焊接N形构造的金属机翼大梁，用木制的翼肋保持它的翼型。主翼前缘为木质胶合板外壳，其他部分为布蒙皮。在机翼下方安装6台格罗姆-罗纳14N48/49发动机，使用肖奥维埃尔可变距三叶螺旋桨。

▶ Me-323 宽大的货舱

▲ 遭到空中打击的 Me-323

■ 知识链接

1943年4月22日，第5运输航空团的第1、第2联队出动全部可用的16架Me-323D向突尼斯空运燃料，它们依例混在Ju-52机群中。机群遭英军两中队"喷火"战斗机和南非空军4架P-40战斗机的袭击，14架Me-323D被击落。两天后，又有1架Me-323D在突尼斯基地遭扫射，最后只剩1架Me-323D返回特拉巴尼。遭到毁灭性打击的第5运输航空团只好灰溜溜地撤回德国。

JUNKERS JU-52
JU-52运输机（德国）

■ 简要介绍

JU-52是二战中德军最著名的运输机，战前作为民航机开辟了多条新航线，战争中它参加了德军所有的行动，是德军最为依赖的运输机。JU-52的坚固耐用赢得了本国士兵为它取的"容克大婶"的绰号，而同盟国军队士兵则叫它"钢铁安妮"。

■ 研制历程

1928年，容克公司的首席设计师恩斯特·辛多在JU-46单发运输机的基础上开始设计一种新式运输机。1930年9月3日，JU-52/1m原型机试飞成功。1930年11月，容克公司向德国军方展示了原型机。1931年7月，第二架原型机Ju-52/2m加装浮舟后改成了水上飞机，7月17日首飞成功。1932年，使用第七架JU-52/1m机身改装的三发JU-52/3mce客机原型机问世了，3月7日首飞成功。

▲ JU-52在战争中表现出杰出的短距起降能力、坚固耐用的机身结构、适合改装的起落装置和经济的燃油消耗是当时领先的，但是速度慢、自卫火力弱又导致了大量的损失

基本参数

长度	18.9米
高度	4.52米
空重	6500千克
最大起飞重量	11032千克
动力系统	3台普惠"大黄蜂"星型活塞发动机
最大航速	286千米/小时
实用升限	5500米

■ 作战性能

　　JU-52外形丑陋，全机使用波纹铝蒙皮，机身轮廓棱角分明，粗壮的起落架支柱从机身中伸出，采用了容克公司独特的两段式襟翼。JU-52除了机翼上的2台发动机外，机鼻上还装着一台，使它的模样看起来相当怪异。波纹铝蒙皮能减小阻力并承担一部分结构载荷，不能收起的起落架简单坚固，适合在野战机场粗暴着陆，三发布局马力大、安全性好，这就是容克公司引以为傲的设计。

▲ JU-52 运输机

■ 知识链接

　　容克公司是德国著名飞机设计师容克（1859—1935）创办的，容克于1913年在亚琛制造德国第一座风洞。1915年设计的J-1是世界上第一架张臂式全金属飞机。一战后，容克在德绍开设飞机工厂。1919年6月15日容克公司设计的世界上第一架硬铝全金属旅客机F-13首次试飞，在国际民航史上占有重要地位。1932年容克公司开始制造的大型三发动机运输机JU-52，共生产约4000架，在世界各地广泛使用。

DORNIER DO.31
Do.31运输机（德国）

■ 简要介绍

Do.31是德国的一种中型垂直/短距离起降运输机，它采用翼尖升力发动机组和翼下升力巡航发动机相组合的动力方案，最引人注目的是，整个飞机总共安装了10部发动机。Do.31机翼两端安装的翼尖升力发动机组中，每组均安装4台罗·罗公司生产的RB-162发动机为飞机的垂直起降提供主要升力。而2台翼下的发动机可以实现推力转向，以增加飞机在垂直起降时的升力，并可在平飞巡航时为飞机提供前进的推力。

■ 研制历程

20世纪50年代末、60年代初，垂直起降的风潮席卷西欧航空界，联邦德国也开始着手研制25吨级的中型垂直/短距离起降军用运输机。1959年德国的多尼尔航空制造公司提出Do.31空军中型战术运输机方案。

1967年2月，Do.31运输机的E1号原型机首次进行了常规跑道滑翔的起降，同年12月E3号原型机还首次进行了垂直降落的试飞工作。

基本参数	
长度	20.7米
翼展	17.14米
高度	8.53米
空重	13868千克
最大起飞重量	24500千克
动力系统	2台"飞马"发动机+8台RB-162发动机

◀ Do.31运输机的翼尖升力发动机特写

■ **作战性能**

从技术角度来看，Do.31中型垂直/短距离起降军用运输机项目无疑是成功的，但同时在试飞中也暴露出了一些问题。首先，该机在进行垂直/短距离起降时油耗惊人；其次，该机在进行垂直起降时，噪声非常大；最后，由于翼尖巨大的升力发动机舱在飞机巡航时会产生很大的阻力，增加了油耗，降低了航程。

到了1970年，北约的战略开始作出调整，北约空军对飞机短距离垂直起降的要求大大降低，而存在问题的Do.31中型垂直/短距离起降军用运输机项目也随之下马。

◀ Do.31 运输机垂直/短距离起降试飞

■ **知识链接**

很多人知道劳斯莱斯汽车，却不知道罗·罗（罗尔斯·罗伊斯）也是世界上最优秀的发动机制造者之一。著名的波音客机用的就是罗·罗公司的发动机。罗·罗公司1915年开始设计生产飞机发动机。二战中，其生产的发动机被用来装备同盟国飞机。战后，罗·罗公司成为英国喷气发动机的主要生产者、世界军用和民用喷气发动机的最大制造厂家之一。

KAWASAKI C-2
C-2运输机（日本）

■ 简要介绍

C-2运输机是日本自卫队装备的大型运输机。最大起飞重量达到141.4吨，号称是亚洲人自行研制和生产的最大起飞重量的飞机。它是为了接替日本于20世纪70年代启用的C-1型国产运输机而研制的。C-2是个"多面手"，根据需要，它可以立即"漂亮转身"，成为空中预警机、空中加油机、远程侦察机或者战略轰炸机。

■ 研制历程

日本川崎重工业公司研制的"XC-2"运输机研发项目于2001年度上马，按原计划应于2007年9月首次试飞。但由于机身在组装完成后被发现强度不够，结果试飞时间被大大推迟了。

2010年5月，C-2大型运输机交付日本航空自卫队进行试飞测试，这标志着C-2正逐步走入正轨。

2011年1月27日，量产型XC-2进行了首飞。全过程历时约2小时10分，该机于11点30分左右降落。

2013年5月，日本航空自卫队新一代运输机XC-2样机开展了各项试验，XC-2的各项试验续到2014年年末，同时展开量产型的生产。

▲ C-2运输机最大运载重量达30吨

基本参数	
长度	43.9米
翼展	44.4米
高度	14.2米
空重	60800千克
最大起飞重量	141400千克
动力系统	2台GE CF6-80C2K1F发动机
最大航速	980千米/小时
实用升限	12200米
最大航程	10000千米

■ 飞行试验

2012年1月,在日本北海道"千岁"基地飞行试验场,XC-2运输机正在进行俗称"结冰"的飞行试验。所谓"结冰"的飞行试验就是将XC-2运输机在-30℃~-40℃恶劣气候情况下露天停放14天,在机身机翼表面结冰厚度达2~5厘米的时候,技术人员给XC-2注入航空油燃料,在没有进行任何除冰除雪工作及没有机械运转热身情况下直接进行飞行试验。当日川崎重工成功地在起飞重量140吨的条件下进行了1小时32分钟飞行试验。

▶ C-2运输机座舱图片,可以看到其航电系统的硬件水平是目前较为先进的

■ 知识链接

日本航空自卫队计划购买40架C-2运输机,以取代已经老化的川崎C-1和C-130运输机机队。2016年6月30日,C-2运输机入列日本自卫队。2017年6月C-2曾发生一起事故,航空自卫队一架C-2军用运输机在米子美秀机场滑行时冲出跑道,冲入了机场周围的林带。报道称,机上载有6人,无人员受伤。据飞行员称,飞机在起飞前滑行时突然失控,制动出现故障,驾驶盘失灵。

DHC-4 CARIBOU
DHC-4 "驯鹿"运输机（加拿大）

■ 简要介绍

DHC-4，代号"驯鹿"，是加拿大20世纪50年代研制的轻型短距离起降运输机。它的起降性能极为出色，能在长度不足400米的劣质跑道上全载起降，其中在跑道上实际滑行的距离仅200余米，特别适合支持反恐、反游击战争，使用费用比同样有效载荷的直升机低得多。

◀ "驯鹿"运输机尾舱门

■ 研制历程

1954年，加拿大德·哈维兰飞机公司在加拿大国防部的资助下开始制造两架DHC-4 "驯鹿"原型机，首机在1958年7月30日首飞，1959年9月5日交付加拿大政府。

1959年3月，美国陆军订购的第一架原型机首飞，同年美国陆军订购了56架DHC-4生产型，美军编号AC-1，1961年全部交付。

▲ "驯鹿"采用三人制机组，座舱布置简单实用，充分考虑了机组的动作自由性和舒适性

基本参数	
长度	24.08米
翼展	29.26米
高度	8.73米
空重	7997千克
最大起飞重量	11794千克
动力系统	2台普惠R2000活塞发动机
最大航速	348千米/小时
实用升限	7559米
最大航程	2253千米

■ 实用技术

美国陆军使用的"驯鹿"运输机在完全无法降落时，驾驶员使用了一种被称为低空提取（LOLEX）的特别技术，现在被称为低空伞降提取系统（LAPES）。飞机以一人之高飞越目标区域，并用减速伞拖出货舱内安装在减震托盘上的货物，投放精度和效率远高于伞降空投。在战争中，"驯鹿"经常冒着炮火降落在前沿机场，并保持发动机运转，在货物卸完后就立即起飞。在这惊险过程中，有一些"驯鹿"被击落。

■ 作战性能

DHC-4采用双发上单翼布局，机尾翘起以方便卡车装卸货物。机翼呈倒海鸥外形以缩短主起落架支柱长度并改善飞行员的视界，后缘安装了全翼展双缝襟翼以保证短距离起降能力。该机采用传统的全金属半硬壳结构，结构简单且坚固耐用。双缝襟翼和巨大的垂尾提供了很好的操控性和机动性。

DHC-4的起落架非常坚固，缓冲行程很长，可在未经平整的丛林、灌木、沙漠跑道上起降。所有起落架都安装了双轮低压轮胎，主起落架向前收入发动机舱，前起落架向后收入前机身。地勤可在两个半小时内不使用特殊工具就为起落架安装上雪地滑橇。

■ 知识链接

德·哈维兰飞机公司成立于1942年，创始人是德·哈维兰。公司凭借DHC-2、DHC-3确立了声誉，从此以制造坚固耐用的"丛林飞机"而闻名。1967年，更名为庞巴迪公司。1974年，获得蒙特利尔地铁系统车辆的合同，开始扩展其生产方向。庞巴迪公司是全球唯一同时生产飞机和机车的设备制造商，是全球第三大民用飞机制造商。

EADS CASA C-295
C-295运输机（西班牙）

■ 简要介绍

C-295是西班牙生产的一种多用途军用中型涡轮螺旋桨运输机。这种飞机主要被用于运送人道主义物资和执行维和任务，并且它的费用要比目前执行这类任务的美制C-130"大力神"运输机低很多。

■ 研制历程

C-295运输机是由西班牙卡萨（CASA）公司1996年开始研制，它是以CN-235为基础，机上有85%的部件可与CN-235通用。1997年6月在巴黎航展上正式对外公布。1998年，C-295进行首次试飞。截至2009年，C-295累计生产57架，其中，葡萄牙引进了12架C-295战术运输机，并将其中5架改装成C-295"说服者"海上巡逻机。

▲ C-295后尾部和后尾舱门打开状态

基本参数	
长度	24.45米
翼展	25.81米
高度	8.66米
空重	9700千克
最大起飞重量	23200千克
动力系统	2台普惠586-F涡桨发动机
最大航速	480千米/小时
实用升限	7620米
最大航程	5278千米

■ 作战性能

C-295以老式的CN-235运输机为基础研制，虽然C-295的货舱仅比CN-235货舱长出3米，但它的运载能力却比CN-235多出了50%。此外，与CN-235相比，C-295加固了机翼结构，在两翼下各增加了3个外挂点，改进了机舱的增压系统和电子设备，并改用了推力更大的发动机。该机可以运送73名士兵、5个货物标准平台或者27副为疏散伤员准备的担架。

▲ C-295 运输机

■ 知识链接

C-295除西班牙本国装备外，巴西、葡萄牙、波兰、瑞士和阿拉伯联合酋长国等国也是购买者。波兰空军曾有一架C-295失事，但对国际市场的负面影响不大。事后认定失事主要原因不是C-295本身质量问题。C-295之所以在市场上受欢迎，得益于研制方以它为蓝本研发出多种改进型，包括75座客机、货盘运输机、车辆运输机、医疗救生运输机和海上巡逻机。

A400M ATLAS
A400M运输机（欧洲）

■ 简要介绍

A400M是欧洲自行设计、研制和生产的新一代军用运输机，也是欧盟国家进行合作的最大的武器联合研制项目。为了满足欧洲各国对A400M军用运输机提出的一系列要求，设计人员不仅对总体布局、货舱结构和装卸系统等方面进行精心设计，采用"宽体化"设计，增加了货舱容积和装载效能，并改善了结构坚固性、任务适应性和短距离起落性能，还采用了空客民用客机的电传操纵系统和驾驶舱设计。

■ 研制历程

1982年，法国宇航公司、英国宇航公司、原西德MBB公司和美国洛克希德-乔治亚公司决定成立联合工作小组，共同探讨合作研制未来国际军用运输机（FIMA）的问题。1987年，意大利阿莱尼亚公司及西班牙航空制造公司也加入进来。

1989年，美国洛克希德公司退出。原FIMA合作体中的5个欧洲成员公司组成"未来大型军用运输机合作体"，并于1991年6月在意大利罗马联合成立一家共担风险的有限责任公司，FIMA也随之改称为"未来大型飞机"（FLA）。

A400M开发计划自1993年开始启动，由设在马德里的空中客车军用机公司负责设计，多家欧洲著名公司参加了研发工作，西班牙的塞维利亚总装厂负责总装。

2009年12月11日，A400M首飞。首架A400M在2013年8月交付法国。截至2015年5月12日有12架投入现役，其中法国6架、英国2架、土耳其2架、德国和马来西亚各1架。

基本参数	
长度	43.8米
翼展	42.4米
高度	14.6米
空重	70000千克
最大起飞重量	141000千克
动力系统	4台PT400-D6涡桨发动机
最大航速	560千米/小时
实用升限	11300米
最大航程	9300千米

■ 作战性能

为了具备更好的生存能力，A400M运输机的关键系统和设备都采用了余度设计和隔离措施。机上留有安装各种防御设备的空间，每个国家可以根据各自需要进行选择。机载防御设备包括雷达告警器、导弹发射告警器、箔条/曳光弹散布器等，机翼下的多个外挂点可以用于安装电子对抗吊舱，进一步提高综合防御能力。此外，考虑到低空高速飞行条件下可能受到的地面威胁，A400M装备有地面防撞告警系统，并可安装专用装甲和防弹风挡玻璃来保护驾驶员，同时采用减少发动机红外辐射装置和在油箱中添入阻燃防爆的惰性气体来提高生存性能。

▲ A400M的驾驶员座舱非常先进，具有全景夜视能力，可容纳两名机组成员，必要时可以多承载一人，负责特定任务操作

■ 知识链接

空中客车公司，又称空客、空中巴士，是欧洲一家飞机制造、研发公司，1970年12月在法国成立。其创建的初衷是为了同波音和麦道那样的美国公司竞争。空中客车公司的股份由欧洲宇航防务集团公司（EADS）100%持有。2018年12月，世界品牌实验室发布2018世界品牌500强榜单，空中客车排名第457位。

E-2 HAWKEYE
E-2 "鹰眼"预警机（美国）

■ 简要介绍

E-2预警机，代号"鹰眼"，是美国海军现在唯一使用的舰载空中预警机。E-2可在离航空母舰数百千米外进行探测预警作业，并指挥提供防空护卫的战斗机拦截敌方飞行目标；此外，E-2配备有数据链，可将资料传输给整个战斗群的舰艇，因此其功能不局限于指挥战斗机中队作战。因其基本设计良好、功能完备、提升空间大，经过多年改良后被证实也很适合在陆地上空操作，加上价格适中，因此被许多西方国家采用，成为全球最畅销、数量最多的空中预警机。

■ 研制历程

1957年亮相的E-1B是美国海军第一代真正的舰载预警机，但是其最主要的功能仍只是向舰艇回报雷达获得的资料，无法满足美国海军更高的需求。因此美国海军开始规划重量更大、功能更强大广泛的新一代舰载空中管制预警机，于是E-2"鹰眼"在期盼中出现了。

E-2由美国诺斯罗普-格鲁门公司于1953年2月开始研发，原型机于1960年10月21日首次试飞；量产型号E-2A于1961年4月19日首次试飞，1964年1月19日交付美国海军。

改良型E-2B于1969年2月20日首飞，更新型的E-2C原型机于1971年1月20日首飞，同年中投入生产，量产型于1972年9月23日首飞，1973年起交付美国海军，1974年2月起开始形成作战能力。E-2C成为该系列最经典的设计。

基本参数	
长度	17.6米
翼展	24.56米
高度	5.6米
空重	18090千克
最大起飞重量	23850千克
动力系统	2台T56-A-425涡桨发动机
最大航速	626千米/小时
实用升限	10576米
最大航程	2854千米

■ 作战性能

E-2C在超过7600米的工作高度上，可以克服由地球曲率和山地对地面雷达和舰载雷达所形成的视线限制。E-2C的主要设备预警雷达一直在改进中，1984年安装了AN/APS-138雷达；1988年改进成为AN/APS-139；1991年，使用AN/APS-145雷达系统后，可以在483千米以外的距离上自动探测、识别和跟踪目标，并且它的无源探测系统还可以在雷达作用范围外偷偷地探测和区别目标。E-2C的能力也在攻击的控制、缉毒和救援任务中被证明是有效的。

▲ E-2 的标准机组人数为 5 名，包括正驾驶、副驾驶以及 3 名位于后舱的战管人员

■ 知识链接

1982年6月9日下午2点，以色列出动F-15、F-16等96架各型飞机飞向贝卡谷地，其中就有不为人所注意的E-2C。叙利亚紧急出动64架米格-21、米格-23战斗机起飞拦截。就在几秒钟后，米格战斗机的各项参数已经清楚地显示在E-2C的显示器上，以军飞机根据E-2C提供的情报和指令迅速、及时占据了最佳的攻击位置，结果叙军损失惨重，29架米格战斗机被击落，以军没有损失1架战斗机。

E-3 SENTRY
E-3 "望楼" 预警机（美国）

■ 简要介绍

E-3预警机，代号"望楼"，是美国的一种全天候远程空中预警和控制飞机，是目前世界上最先进的预警机。其雷达和电脑子系统可以显示当下战场状态，资料随时收集随时更新。包含敌机敌船的持续追踪，资料可以传给后方指挥中心，紧急时还可以直接传给美国的国家指挥中心。在支援空对地行动时，它可以协调禁飞、侦察、空运和近距离轰炸支援等多种战术，还有全面的空中资讯提供给指挥官进行空战部署。

◀ E-3预警机的驾驶舱

■ 研制历程

20世纪60年代初，由于轰炸机速度的提高和远距离空地导弹的出现，原有防空警戒系统已不能满足需要。从1962年起，美国空军开始考虑发展新的警戒系统。

1963年，美国空军提出对空中警戒和控制系统（AWACS）的要求。1964年，美空军系统司令部确立"下视雷达技术"计划。1967年决定采用脉冲多普勒体制，最终于1973年选取了威斯汀豪斯公司研制的雷达。

试验机代号为EC-137D，于1972年2月7日首飞。首先对比了威斯汀豪斯公司的雷达，然后用3年时间对雷达、数据处理、显示和通信系统进行了各分系统的样机验证试飞与全系统的综合试飞。随后又以波音707为基础研制了3架E-3A的原型机，1975年E-3A的第一架原型机首飞。1977年3月，第一架生产型E-3交付使用。1992年生产线关闭前一共生产了68架。

基本参数	
长度	46.61米
翼展	44.42米
高度	12.6米
空重	73480千克
最大起飞重量	157397千克
动力系统	4台TF33-PW-100非加力发动机
最大航速	855千米/小时
实用升限	12500米
最大航程	7400千米

■ 作战性能

E-3内部安装有雷达天线系统,这一雷达系统使其能够具有对大气层、地面、水面的雷达监视能力。对低空飞行目标,其探测距离达320千米以上,对中空、高空目标探测距离更远。雷达系统上的敌我识别分系统具有下视能力,并能抗地面杂波干扰。而其他一些雷达在这种条件下无法去除干扰。E-3还有一些其他的重要子系统,包括导航、通信和计算机数据处理系统等。E-3的导航与导引系统可达到综合导航精度不大于3.7千米。数据处理系统能记录、存储和处理来自雷达、敌我识别器、通信、导航和引导系统以及其他机载数据收集和显示系统的数据,能同时处理400个不同目标。

▲ E-3预警机可载17名乘员,其中驾驶员4名、系统操作员12名,后者分别负责操作通信设备、计算机、雷达和9台多用途控制台,另有值勤军官1名

■ 知识链接

E-3第一次参战是在海湾战争的"沙漠盾牌"行动中,因为它的存在,美军建立起了一个全方位雷达网去防堵伊拉克。而在"沙漠风暴"期间,E-3完成400次任务和超过5000小时飞行。历史上第一次有预警机雷达记录下了所有空战经过,除了提供即时的敌军动态,E-3也支援了40次空对空作战,引导己方战斗机击落了38架敌机。

E-737 WEDGETAIL
E-737"楔尾"预警机
（美国/澳大利亚）

■ 简要介绍

E-737预警机，全名叫"楔尾空中预警和控制系统"，是波音公司为澳大利亚军方研制的大型预警机。E-737以波音737-700短程客机为载机，由于增加了大型的天线，飞机的材料强度等都进行了改进，飞机阻力也有所增加。为了能够增加航程，该机在机头上面安装了空中受油装置，燃料管安装在机身右舷内壁。主翼安装有燃料抛弃系统。由于是外销用机，因此该机没有美军编号。

■ 研制历程

澳大利亚领土和海域都较为广阔，客观上需要较为大型的预警机。2000年，澳大利亚选择了美国波音公司作为其合作方，以该公司客机作为平台研制新预警机。波音公司选择了波音737-700型客机作为载机。2004年，新预警机E-737研制成功。

▲ "楔尾"的扫描天线有两块，一块垂直安装在后机身上方，仿佛给飞机加了块"背鳍"；另一块则水平安置在"背鳍"上部，两块天线就像搭积木一样相互叠加组成了一个完整的天线阵。"背鳍"天线可覆盖左右各120°方位，平面天线可覆盖前后各60°，从而构成360°全方位覆盖

基本参数	
长度	35.71米
翼展	33.63米
高度	12.55米
空重	46607千克
最大起飞重量	77566千克
动力系统	2台CFM56-7B24发动机
最大航速	700千米/小时
实用升限	12500米
最大航程	5200千米

■ 作战性能

E-737预警机最大的特点是采用了诺斯罗普-格鲁门公司的多波段多功能电子扫描相控阵（MESA）雷达。MESA雷达与传统的机载预警和控制系统雷达不同，它不依靠机械旋转，而是采用扫描天线来监控空中目标。它对载机同一飞行高度附近的空中目标和位于载机高度之上之下的空中目标都有很大的扫描扇面，扫描孔径较大，探测精度较高。其天线整体空气动力学性能较好，空气阻力较小，对载机总体空气动力性能和飞行性能影响较小。

▲ E-737预警机拥有加受油能力，这使得它留空时间更长。它可同时跟踪300个目标，同时指挥24架飞机作战

■ 知识链接

韩国购买E-737的计划被称为"和平之眼"计划。2011年8月，韩国空军接收到了第一架E-737预警机。接收的时候正值朝鲜半岛形势再度紧张之际，因此E-737预警机的表现十分活跃，在韩国历次演习中和监视朝鲜导弹发射方面都发挥了重要作用。

BOEING E-767
E-767预警机（美国/日本）

■ 简要介绍

E-767是美国波音公司专为日本研制的空中预警与管制机。E-767在作战飞行高度上能探测320千米外的目标，对高空目标的探测距离达600千米，可同时跟踪数百个空中目标，并能自动引导和指挥30批飞机进行拦截作战。在"合作对抗2003"多国空战演习中，日本1架E-767预警机伴同6架F-15J战斗机，经过空中加油，飞越太平洋抵达美国阿拉斯加，向世界显示日本E-767预警机具有"窥探"世界各地的能力。

■ 研制历程

1991年海湾战争中E-3预警机的上佳表现给日本航空自卫队留下了深刻印象，把它视为世界先进预警机的最高标准，于是想采购。可是，波音公司已关闭了相关生产线，没有E-3可买了。最终波音公司专为日本生产以767客机为平台的预警机。

1996年8月，原型机首飞。日本航空自卫队按E代表预警机的惯例，将它命名为E-767。1998年3月，首批两架E-767进入日本航空自卫队序列，部署在静冈县的滨松空军基地。1999年1月，后一批两架E-767入役，部署在北海道的千岁空军基地。经过多次作战测试的4架E-767已初具作战能力，开始担负战备值班任务。

▲ 日本 E-767 预警机

基本参数	
长度	48.51米
翼展	47.57米
高度	15.85米
最大起飞重量	175000千克
动力系统	2台通用CF-80C2B6FA发动机
最大航速	805千米/小时
实用升限	12220米
最大航程	10370千米

■ 作战性能

　　E-767的机内容积是E-3的2倍，工作平台面积比E-3多50%，利于配备更多的任务系统和设备。不加油最大航程达1.037万千米，比E-3要远20%。更重要的是，它机上所配备的雷达、航空电子系统和电子战系统都是E-3所用设备的改进型。它采用的AN/APY-2型机载预警雷达是E-3所用的AN/APY-1型雷达的第二代产品，因而E-767的战术技术性能明显比E-3"望楼"优越。

▲ E-767 内部工作舱

■ 知识链接

　　波音公司由威廉·爱德华·波音创建于1916年，波音公司建立初期以生产军用飞机为主，并涉足民用运输机。发展至今，波音公司成为世界上最大的民用和军用飞机制造商之一。2018年7月19日，《财富》世界500强排行榜发布，波音位列64位。2018年12月，世界品牌实验室编制的《2018世界品牌500强》揭晓，波音排名第48位。

TUPOLEV TU-126
图-126"苔藓"预警机（苏联）

■ 简要介绍

图-126预警机，代号"苔藓"，是苏联第一代早期空中预警与控制飞机，可作为截击机或对地攻击机的空中引导指挥站。该机具有海面下视与有限的陆地下视能力，能通过对比装在飞机头、尾、平尾两端的四组天线的接收信号精确地测定辐射源。西方对该机的评价认为该机性能有限，特别是该机不够完善的下视能力以及不能够发现巡航导弹和低空飞行的小型飞行器。从20世纪80年代开始，随着A-50空中预警机的装备部队，图-126预警机的位置便逐步被A-50所取代。

■ 研制历程

图-126是图波列夫设计局在重型轰炸机图-95的基础上研制的，机体基本上与图-95相同，但在机头加装了空中受油管，尾部装有厚鳍。1962年首次试飞，从1965年至1967年年末，除第一架试验机外，共制造了8架成批生产的图-126型机。20世纪60年代末开始装备部队使用。1965年，该机开始装备苏联国土防空军，8架飞机组成第67预警机飞行大队，分成两个中队，每个中队配备4架。

▲ 图-126"苔藓"预警机

基本参数	
长度	55.2米
翼展	51.2米
高度	16.05米
空重	100000千克
最大起飞重量	170000千克
动力系统	4台NK-12MV涡桨发动机
最大航速	850千米/小时
实用升限	11000米

■ 作战性能

图-126的雷达性能与美国早期的E-2预警机雷达相当,作用距离375千米,可作为截击机或对地攻击机的空中引导指挥站。其动目标显示体制的"平顶柱"雷达可同时处理80个目标,同时指挥控制12~18架飞机进行作战行动。

20世纪60年代,各国开始研制低空和超低空飞行的飞机,而图-126因其电子设备和低空预警能力不强而显得无能为力,对抗巡航导弹和弹道导弹的能力较差,更无法抵御空空或地空导弹的攻击,被迫退出现役,从1986年起被A-50预警机所取代。

▲ 机舱内不太先进的通信和电子设备

■ 知识链接

安德烈·图波列夫于1922年创立图波列夫设计局,在20世纪20年代负责全金属制定翼机的研发,最为人瞩目的是重型轰炸机。二战期间,图波列夫的图-2蝙蝠型是苏联前线最优良的全金属制轰炸机之一。苏联解体后,在俄罗斯的经济改革中,为适应市场竞争的要求,该局与喀山、基辅、塔干诺格、萨玛拉和乌里扬诺夫斯克5家生产厂组成图波列夫航空科学技术联合体(ANTK)。

A-50 MAINSTAY
A-50"支柱"预警机（苏联/俄罗斯）

■ 简要介绍

A-50预警机,代号"支柱",是苏联图-126型预警机的后继型号。A-50可作为空中雷达、空中引导站和空中指挥所使用。与传统的地面雷达站相比,它除了可以清晰准确地显示目标信号、种类、距离之外,还可以以全景方式显示电子计算机的处理结果,以及己方飞机的综合情况,如机号、航向、高度、速度、剩余燃油等。在空战中,A-50可用于配合米格-29、米格-31和苏-27等战斗机执行防空和战术作战任务,引导战斗机攻击敌方目标。

■ 研制历程

20世纪70年代末,苏联伊留申设计局以伊尔-76大型运输机为平台,加装有下视能力的空中预警雷达,研制出A-50预警机,作为图-126型预警机的后继机。它于1984年研制成功,与苏联的第三代战斗机米格-29、苏-27等一起组成90年代的空中防空体系。A-50一共生产了30多架,现在仍然有十几架在服役。除基本型外,还有A-50M和A-50U两种改型。

▲ A-50"支柱"预警机和苏-27战斗机

基本参数	
长度	46.59米
翼展	50.5米
高度	14.76米
空重	75000千克
最大起飞重量	190000千克
动力系统	4台D-30KP涡扇发动机
最大航速	900千米/小时
实用升限	12000米
最大航程	7500千米

■ 作战性能

A-50最明显的特点是在机翼后的机身背部装有直径9米的雷达天线罩,比美国的E-3A靠前,故前半球视界不如后者,但采用高平尾,后半球视界优于后者。其雷达作用距离可达400~600千米,尤其低空识别力比美国的E-3预警机强。

在引导能力方面,A-50上可以布置10~14个显控台,可以容纳十几名引导员同时工作,而且还可以携带多余的人员用以换班。飞机上空间较大,能为乘员提供短暂休息的场所,有利于保持长时间的战斗力。而E-2C上的空间十分狭窄,只能布置3个显控台和3名战术引导人员,指挥能力远不及大型预警机。

▲ A-50 在飞机头部有空中加油受油杆

■ 知识链接

海湾战争期间,苏联空军飞行员曾驾驶A-50在黑海上空巡逻,对从土耳其境内机场起飞的大群美国歼击机、海上游弋的舰船都了如指掌,各种信息一目了然。1996年,A-50预警机在拦截到车臣恐怖分子头目杜萨耶夫的电话信号后,迅速实施定位,指挥俄军战机使用精确制导武器成功展开空中打击。

AN-71 MADCAP
安-71"狂妄"预警机（苏联）

■ 简要介绍

安-71预警机，代号"狂妄"，是苏联的一种空中预警与控制飞机，其作用与美国的E-2C基本相同。其旋转雷达天线每分钟可旋转6周，"量子"雷达能进行360°扫描，可监视从海平面到13000米高空、370千米范围内的目标。可同时发现300个目标并自动跟踪其中120个目标。苏联准备将其装备到库兹涅佐夫元帅级航母上，但不幸的是，1991年苏联解体，仅有的3架安-71为乌克兰所有，而"库兹涅佐夫"号航母被拉到了俄罗斯，以致该型机投入使用后不久便退出现役。

■ 研制历程

1982年叙利亚空军和以色列空军在贝卡谷地展开空战，结果装备苏制飞机的叙利亚方面惨败，以色列宣称取得了85∶0的空战战果。这次空战使苏联军方高度重视以色列空军装备的E-2预警机，认为这是以方取胜的关键因素。于是苏联空军立即要求研制与E-2相当的预警机。

苏联安东诺夫设计局接受了研制任务，它在安-72双发短距离起落运输机的基础上进行改装。由于研制生产工作一直处于保密状态，直到1984年外界才知道该机已经生产。安-71于1985年11月12日首飞，1987年首次对外公开亮相。

▲ 安-71载员6人，可同时发现300个目标并自动跟踪其中120个目标

基本参数	
长度	23.5米
翼展	31.89米
高度	9.2米
空重	19760千克
最大起飞重量	32100千克
动力系统	2台"进步"D-436K/T3涡扇发动机
最大航速	650千米/小时
实用升限	10800米

▲ 安-71预警机沿用了安-72运输机的机身

■ 作战性能

　　安-71预警机沿用了安-72运输机的机身，采用悬臂式上单翼，机翼上装有双缝后缘襟翼，外段为三缝后缘襟翼，2台发动机装在机翼前上方，使尾喷流沿上机翼表面流向后方，以改善翼面的流动状态，增加机翼升力。同时，可以配合吹气襟翼使得起飞、降落时的低速稳定飞行状态获得一定保证。主要机载电子设备有"织女星"科学生产联合体生产的"量子"预警雷达、电子情报和高频电子系统、自动导航和飞行控制系统、MK-12敌我识别器等。

■ 知识链接

　　舰载预警机以航空母舰或其他舰艇为基地，主要用于舰艇编队防空预警，并可指挥引导己方飞机作战。该机分为固定翼舰载预警机和舰载预警直升机。固定翼舰载预警机搭载在航空母舰上，探测、指挥控制能力强，反应迅速。可到距航母320~350千米处上空执勤活动。舰载预警直升机装有预警雷达，可搭载在航空母舰或其他大型水面舰船上，为舰艇编队提供对空、对海雷达预警。

KA-31 HELIX
卡-31"螺旋"预警直升机（苏联/俄罗斯）

■ 简要介绍

卡-31预警机，代号"螺旋"，是专为海军设计制造的空中预警机。该机装备在"库兹涅佐夫"号航母上。除用作航母舰载机外，该机也可搭载在巡洋舰、驱逐舰、护卫舰上，或作为岸基预警机使用。卡-31可在简单或复杂气候条件下24小时昼夜使用，主要用于探测3200~4570米高度的空中目标，更高高度的目标则由舰载雷达探测。其机载雷达可同时发现200个战斗机类目标，并跟踪其中的20个，一小时内巡逻范围25万平方千米。对战斗机、直升机、巡航导弹的预警距离达120千米，对小型舰艇的预警距离达250千米以上，对大型目标的预警距离达300千米以上。

■ 研制历程

由于使用舰载直升机而积累的丰富经验，苏联海军最终选择了经过考验并且更加可靠的卡莫夫卡-27直升机来研制新的预警机。不过，卡莫夫设计局此时已经在卡-27的基础上发展出卡-29。1985年，按照苏联海军航母计划，卡莫夫设计局开始在卡-29的基础上设计舰载预警直升机。1987年，第一架原型机首飞，当时编号为卡-29RLD。1995年改名为卡-31。

■ 作战性能

卡-31装有E801M"眼睛"型空中和海上监视雷达，机腹装有一座大型平板雷达天线，天线长6米，宽1米，重200千克，10秒钟内可旋转360°。直升机起降时，雷达天线进行90°折叠，平贴在机腹上。执行任务时，天线再90°翻转，展开工作。该机虽然起降条件灵活，适用性较强，但由于飞行距离近，探测能力远不及固定翼飞机。

基本参数	
长度	11.6米
旋翼直径	15.9米
高度	5.5米
空重	5520千克
最大起飞重量	12500千克
动力系统	2台克里莫夫TV3-177VMAR涡轮发动机
最大航速	250千米/小时
实用升限	5000米
最大航程	680千米

▲ 卡-31 平板雷达天线折叠状态

■ **知识链接**

卡莫夫设计局成立于1948年。第一任总设计师是尼古拉·伊里奇·卡莫夫。1923年卡莫夫毕业于托姆斯克工学院，毕业后一直从事自转旋翼机的研究工作。他研制的A-7旋翼机在卫国战争中发挥了重要作用。他先后推出了卡-10、卡-15、卡-18等舰载直升机，取得了舰上使用的丰富经验。20世纪60年代他领导设计局研制成功的卡-25反潜直升机成为海军舰载反潜直升机的主力机种。

113

ZDK-03 INFLIGHT
ZDK-03预警机（巴基斯坦）

■ 简要介绍

ZDK-03预警机是巴基斯坦装备使用的一种中型预警指挥机。采用四台涡桨发动机，具有比瑞典萨伯预警机更远的航程。机上装备了电子扫描有源相控阵雷达系统，飞机上电子设备运用了开放性设计理念，以方便今后进行完善和现代化改装。

■ 研制历程

进入21世纪后，印度空军获得了A-50EHI预警机，将之部署在印巴边境可以探测到巴纵深数百千米地区的空中情况以及作战部署。在这种威胁背景下，巴基斯坦空军迫切需要建立自己的空中预警与指挥体系，于是向中国寻求引进新型预警机，并最终签订订购4架的合同。

根据巴基斯坦空军的要求，中航工业陕西飞机工业（集团）有限公司和中国电子科技集团公司以运-9运输机为基础进行研制。首架ZDK-03预警机于2010年11月13日在中国汉中下线，并于2011年11月26日交付巴基斯坦空军。目前，全部4架ZDK-03（巴基斯坦空军代号：KE-03）预警机已经全都交付完毕，并在巴基斯坦空军开始战备值班。

基本参数	
长度	34.02米
翼展	38米
高度	11.06米
空重	36000千克
最大起飞重量	60700千克
动力系统	4台涡轮螺旋桨发动机株洲涡桨-6发动机
最大航速	662千米/小时

▲ 巴基斯坦预警机部队臂章

■ 作战性能

ZDK-03可以搭载更多的显控台，配备更多的空勤人员，在执行任务中进行轮换，同时还可以为机组人员提供休息的场所，在高度紧张的指挥引导作业中，降低执勤人员的工作强度，有助于提高飞机的指挥引导能力。ZKD-03的探测雷达安装的旋转式有源相控阵天线，与美军现役的E-3C预警机类似。该机在性能方面虽然不能和E-3A这样的大型预警机相比，但已经能够和一般预警机如E-2C一决高下了。

▲ ZDK-03 预警机机舱内部指挥显控台

■ 知识链接

有源相控阵雷达是相控阵雷达的一种。有源相控阵雷达的每个辐射器都配装有一个发射与接收组件，每一个组件都能自己产生、接收电磁波，因此在频宽、信号处理和冗度设计上都比无源相控阵雷达具有较大的优势。正因为如此，也使有源相控阵雷达的造价昂贵，工程化难度加大，但比无源相控阵雷达功能更优异。

KC-10 EXTENDER
KC-10"补充者"加油机（美国）

■ 简要介绍

KC-10加油机，代号"补充者"，是美国空军的一种战略空中加油机、军用运输机，也是当今世界上最大的空中加油机。该机主要用于空中加油和军事运输，以弥补美国空军KC-135空中加油机加油能力不足的缺陷。它既能为其他空中飞机加油，又能在空中接受加油。

■ 研制历程

1971年DC-10型宽体喷气式客机交予各航空公司使用后，当时生产的厂商麦道公司（1997年并入波音公司）随即进行将其改良为加油机的研发工作。1977年12月19日，美国空军根据性能、采购价格与寿限成本等因素，正式宣布选用麦道公司的DC-10为平台研制空中加油机，军方命名KC-10空中加油机。于1978年开始研制，1980年7月12日，首批KC-10A试飞，大获成功，美国空军一共购买了60架。1981年3月17日交付美国空军。

基本参数	
长度	54.35米
翼展	50.42米
高度	17.7米
空重	111132千克
动力系统	3台通用CF6-50C2涡扇发动机
最大载油量	161000千克
最大航速	982千米/小时
实用升限	12727米
最大航程	11112千米

▲ KC-10给F-16战斗机加油

■ 作战性能

KC-10加油机88%的系统和民用型DC-10-30CF是通用的。不过，它们配备了军用航空电子设备和卫星通信设备，以及麦克唐纳-道格拉斯公司生产的先进空中加油飞桁、锥套软管加油系统，并加了一个加油系统操作员座位和自用的空中加油受油管。有20架KC-10A的外翼下还安装了卷盘软管加油装置。除了基本油箱外，每架飞机的下层货舱还在7个软油箱中储存了备用燃油。

▲ KC-10 给 C-141B 运输机加油

■ 知识链接

KC-10A空中加油机自1981年起服役，当时隶属于空中作战指挥部，分别派驻在马区、巴克戴尔及强森空军基地。1991年，KC-10A加油机与KC-135加油机参加了第一次波斯湾战争，一共执行过大约51700次空中加油任务。1999年南斯拉夫内战期间，美国空军的KC-10A加油机也曾执行409次任务。2003年的第二次波斯湾战争，KC-10A空中加油机仍旧扮演了重要的角色。

KC-135 STRATOTANKER
KC-135空中加油机（美国）

■ 简要介绍

KC-135是美国的一种大型空中加油机，它最初设计主要是为美国空军的远程战略轰炸机进行空中加油，后来也可为美国空军、海军、海军陆战队的各型战机进行空中加油。为了提升该机的综合性能，美国空军先后对其进行多次改进。改进后，该机可使用不同的数据链在战区内相互通信联系，其信息收集、传递和发送能力明显增强，加油效率极大提高。主要用户为美国空军、法国空军、新加坡空军、土耳其空军和智利空军。

■ 研制历程

KC-135是波音公司在C-135军用运输机基础上改进而来的大型空中加油机。1956年8月17日首飞，1957年正式装备部队。共有KC-137A、KC-135E、KC-135Q、KC-135R、KC-135T等型号。

美国空军于在2002年9月启动KC-135"灵巧加油机"计划。这项计划把当时现役的40架KC-135加油机改装成"灵巧加油机"。

▲ KC-135空中加油机为F-15战斗机加油

■ 作战性能

KC-135加油机可以给各种性能不同的飞机加油。在加油时排除了让受油者降低高度及速度的麻烦，既提高了加油安全性，也提高了受油机的任务效率。它采用伸缩套管式空中加油系统，加油作业的调节距离为5.8米，可以在上下54°、横向30°的空间范围内活动。更让人惊奇的是，它可以同时给几架战斗机加油。当它仅用一个油箱加油时，每分钟可以加油1514升。前后油箱同时使用时，每分钟可以加油3028升。

▶ KC-135空中加油机为F-22战斗机加油

基本参数	
长度	41.53米
翼展	39.88米
高度	12.7米
最大载油量	90719千克
最大起飞重量	146285千克
动力系统	4台普惠J57涡喷发动机
最大航速	982千米/小时
实用升限	15240米
最大航程	17766千米

■ 知识链接

空中加油技术出现于1923年，二战后，该技术大量装备部队。空中加油机是专门给正在飞行中的飞机和直升机补加燃料的飞机，使受油机增大航程，并且延长续航时间，增加有效载重，提高远程作战能力。空中加油机多由大型运输机或战略轰炸机改装而成，加油设备大多装在机身尾部或机翼下吊舱内，由飞行员或加油员操纵。

KC-767/46 PEGASUS
KC-767/46加油机（美国）

■ 简要介绍

KC-767是由美国波音公司开发的空中加油机，必要时会成为战略运输机。2011年2月，美国空军在KC-X计划中重新选用了波音公司的修改版KC-767AT，并将这一运输机指定为KC-46。KC-46是美军新时代的核心支持飞机，2015年定型，它将取代已有几十年服役历史的KC-135机队。

■ 研制历程

KC-767是由美国波音公司开发、在波音767宽体客机的基础上改装研制的空中加油机。

意大利于2002年12月签约购买4架KC-767A。首架KC-767A于2005年2月24日公开亮相，并于2005年5月21日首飞，但由于机翼两侧加油吊箱震动，导致服役时间推迟，直至2011年1月才交付第一架KC-767。2014年12月28日，KC-46的第一架原型机767-2C号成功进行了首飞。

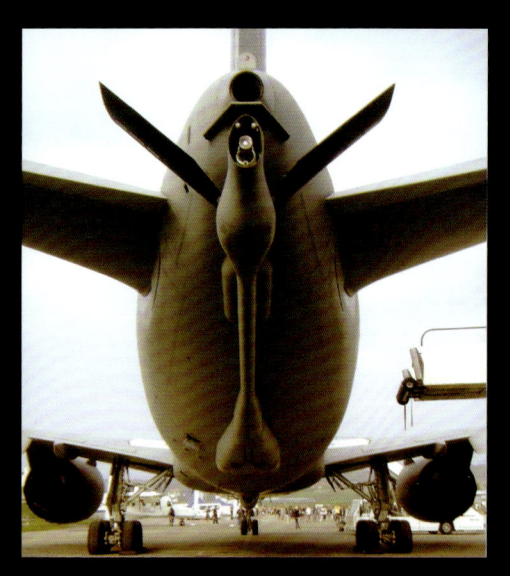

▲ KC-767/46 加油机尾部加受油管

基本参数	
长度	48.5米
翼展	47.6米
高度	15.8米
空重	82377千克
最大起飞重量	186880千克
动力系统	2台GECF6-80C2发动机
最大航速	915千米/小时
实用升限	3660米
最大航程	12200千米

■ 作战性能

KC-767以波音767-200ER作为平台，该机总载油量为114168升，其中机翼中的90774升为波音767-200ER的标准载油量，客舱下方装了容量为23394升的油箱。该机后机身中央装备了伸缩套管（硬管），机翼两侧装备了锥套式加油吊舱（软管），也可以将伸缩套管改为锥套式加油吊舱。

KC-767在必要时也可作为战略运输机使用，飞机主舱可容纳216名人员，该机最多可以运载19个容积463升的货盘或10个容积463升的货盘和100名人员，可载货34000千克，飞行9260千米。

▲ KC-767/46 加油机给 B-52 轰炸机加油

■ 知识链接

KC-46A采用了中心线锥管系统，可以每分钟转移1514升燃料，并且有一个每分钟可以移动高达4542升燃料的动臂。它也可配置用于空中（伤员）医疗护送，并具有重新配置的货物甲板地板，从而能够运载多达58名乘客。军方官员们说，与其他空军战机一样，KC-46A采用雷达警告接收机、驾驶舱装甲防护、甚高频卫星通信无线电、Link-16数据链和数字显示器等。

S-2 TRACKER
S-2"追踪者"反潜巡逻机（美国）

■ 简要介绍

S-2代号"追踪者"，是美国的一型活塞式海上反潜巡逻机，由美国格鲁门飞机公司于20世纪50年代早期为美国海军研制，是美国海军的第一代舰载反潜巡逻机，也是美国海军20世纪50—70年代的主要舰载反潜机。

■ 研制历程

20世纪40年代末，格鲁门公司推出了一种双发上单翼原型机，称为G-89。G-89拥有较大的载荷，配备了反潜声纳和武器，以及一部收放式搜索雷达和一部地磁异常探测器，外加探照灯等其他许多必要的设备。机翼和垂尾都设计成了可折叠式，以便于在航母上停放。双发布局带来了相当良好的前半球下视能力，配合粗壮的机身为乘员和设备带来了适宜的空间。

随后G-89迅速出现了三种主要改型，它们的编号于1962年最终确定为S-2"追踪者"（Tracker）、E-1"示踪者"（Tracer）和C-1"运输者"（Trader）。S-2A是"追踪者"的第一种生产型号，1954年2月便已开始担负反潜任务，总共向美国海军交付了超过500架，并装备到很多国家。50年代中期到60年代中期，改装后定为反潜航母（CVS）的主要舰载反潜巡逻机。

S-2反潜巡逻机共有十多个型别，一共制造了1269架，1967年停产。出口巴西、日本、加拿大、阿根廷等国家和地区。

▲ S-2"追踪者"反潜巡逻机在航母上起降

基本参数	
长度	48.5米
翼展	47.6米
高度	15.8米
空重	82377千克
最大起飞重量	186880千克
动力系统	2台GECF6-80C2发动机
最大航速	915千米/小时
实用升限	3660米
最大航程	12200千米

■ 作战性能

S-2反潜巡逻机的活动半径大,达到近800千米,一次出航能够覆盖较大范围海域。机载设备较齐备,配备波道雷达、多普勒雷达、主被动声呐、磁异探测器等,能够以多种手段进行水下搜索。该机配备127毫米深弹、MK44反潜鱼雷、MK45深弹等武器,可以用多种手段攻击对方水下目标。

▶ S-2"追踪者"反潜巡逻机在航母上降落

▲ S-2"追踪者"反潜巡逻机磁异探测器装在机尾一根可伸缩4.8米的长杆上,可以侦测300米深的异常磁场信号

■ 知识链接

S-2"追踪者"反潜巡逻机尽管尺寸短小,却能配备多种用来定位和摧毁潜艇必须的雷达、传感器设备和武器。所有的S-2的任务设备都可以在不使用时收入机身,如机载磁探测器尾桁可以收入尾翼中,8个声纳浮标可分别放在尾部发动机舱中。

S-3 VIKING
S-3 "北欧海盗"反潜巡逻机（美国）

■ 简要介绍

S-3反潜巡逻机，代号"北欧海盗"，是美国现役一型双发亚声速舰载反潜巡逻机，是世界上首型喷气反潜巡逻机。它是针对20世纪70年代后的苏联核潜艇而研制，以配合P-3岸基反潜巡逻机使用，其作战任务主要是对潜艇进行持续的搜索、监视和攻击，对己方重要的海军兵力进行反潜保护，改型后可作加油机、反潜指挥控制机和电子对抗飞机。S-3所担负的反潜巡逻任务对于美国航母战斗群的重要性几乎同F-1所担负的远程截击任务，而作为一种有效的多用途平台，S-3及其各种改型还执行着多种必不可少的任务，从根本上提高了美国航母战斗群的整体作战能力。

■ 研制历程

1967年12月，美国海军提出VS（X）计划，要求装备一种替代S-2的新型飞机，通过招标，5家公司提交了自己的方案。最后由洛克希德公司和LVT公司于1969年联合提出的YS-3A中标。

1971年11月8日原型机出厂。1972年1月12日，第一架原型机完成首飞，1974年2月20日开始交付海军使用。1974年7月，S-3A开始在美国海军服役。1978年年中生产结束时，共交付187架。1992年将116架S-3A改进为S-3B型。

◀ S-3反潜巡逻机在航母上起飞

基本参数	
长度	16.26米
翼展	20.93米
高度	6.93米
空重	12088千克
最大起飞重量	23832千克
动力系统	2台通用TF34-GE非加力涡扇发动机
最大航速	833千米/小时
实用升限	10670米
最大航程	6085千米

■ 作战性能

S-3反潜巡逻机内部炸弹舱和两个翼下挂架可携带3175千克鱼雷/深水炸弹/炸弹/水雷/导弹。S-3反潜巡逻机上装备了先进的反潜探测设备和反潜数据处理、控制及显示系统，包括新改进的多用途计算机、AN/APS-116型X频带前视雷达、AN/ASQ-81磁异探测器、SSQ-41声呐浮标系统等。

与S-2相比，S-3技术上要先进一些，它速度快、航程远、反潜能力强并能全天候作战，可对潜艇进行持续的搜索、监视和攻击，可实现海上巡逻、反潜战和空中加油等功能。

▲ S-3"北欧海盗"反潜巡逻机

■ 知识链接

反潜巡逻机是用于海上巡逻和反潜作战的飞机。有岸基反潜巡逻机和水上反潜巡逻机。主要用于对潜艇搜索、攻击，与其他装备、兵力共同构成反潜警戒线。在己方舰船航行的海区遂行反潜巡逻任务，引导其他反潜兵力或自行对敌方潜艇实施攻击。其上装备搜索雷达、磁探测设备、光电探测设备等，可携载反潜鱼雷、深水炸弹、核深水炸弹、空舰导弹、火箭等武器。

LOCKHEED P-3C ORION
P-3C "猎户座"反潜巡逻机（美国）

■ 简要介绍

P-3C反潜巡逻机，代号"猎户座"，是美国海军现役的陆基远程反潜巡逻机。至今仍是一种反潜能力很强的固定翼反潜巡逻机。它的飞行控制系统是集成的通用数字计算机，执行战术显示、监控等任务，并且为飞行员提供飞行数据。经过不断改进，P-3C已成为世界上最好也最畅销的反潜巡逻机，出口到日本、荷兰、澳大利亚等国。

■ 研制历程

P-3C是P-3系列的经典之作，它是在"依列克特拉"民航机的基础上设计的，1957年开始设计，1958年洛克希德公司中标，同年8月9日气动力原型机首飞，安装全部设备的YP-3A于次年11月25日试飞，1961年4月以后开始交付。P-3C则于1969年8月服役，当年就向美国海军交付279架；最后入伍的一架P-3C是1990年4月出厂的。从1994年起，美国海军对现役的约267架P-3C进行延长服役期的改进，2002年又进一步改进，明显增强在近海海域的反潜战能力。

▲ 美国P-3C"猎户座"反潜巡逻机

基本参数	
长度	35.57米
翼展	30.37米
高度	10.27米
空重	27890千克
最大起飞重量	63000千克
动力系统	4台阿里森T-65-A-14涡桨发动机
最大航速	745千米/小时
实用升限	8625.84米
最大航程	8945千米

■ 作战性能

先进的反潜作战系统是P-3C的核心。机上先进的探测装备包括AN/ARR-78(V)声呐浮标接收系统、AN/ARR-72声呐浮标接收仪和磁探测浮标、AQA-7定向声学频率分析仪和声学记录指示仪等，主要探测目标是对方潜艇的雷达。反潜武器系统包括"鱼叉"导弹、斯拉姆导弹、"小牛"空地导弹等。

▲ 美国P-3C尾部有一条长形"刺针"，内藏磁性探测器和一个观察用凸面窗

■ 知识链接

反潜巡逻机诞生于一战期间。大战开始后，德国针对英国、法国海军的大规模潜艇战给英国及其盟国造成巨大损失。德国潜艇也使美国船队蒙受惨重损失。英、美迫切需要有效的反潜手段。1915年，美国海军水上飞机中队长彼特对柯蒂斯H-4型水上飞机进行改造，制成了世界上第一架反潜巡逻机。

BOEING P-8 POSEIDON
P-8"海神"反潜巡逻机（美国）

■ 简要介绍

P-8反潜巡逻机，代号"海神"，是美军新型远程海上巡逻机，主要用途为海上巡逻、侦察和反潜作战。它搭载有喷气发动机，可携带鱼雷深水炸弹和反舰反潜导弹，并配备有先进计算机系统，可迅速收集处理敌方潜艇信息，具有很强的监视能力。该机将用以替换机型较为陈旧的P-3C反潜巡逻机。

■ 研制历程

P-8是美国波音公司设计生产的一种海上巡逻机，以波音737-800客机作为开发基础。P-8A测试飞机于2009年4月25日成功完成首飞。2007年6月15日，P-8A通过关键设计审查。12月，首架P-8A开始生产。

2016年8月初，美国海军授予波音公司一份6080万美元合同，用于对P-8A新一代多用途反潜巡逻机的C4ISR能力进行升级。这次升级使P-8A的能力远超出原定位的远距离海上巡逻及反潜战。

▲ P-8反潜巡逻机配置有5个内置与6个外置武器挂载点

基本参数	
长度	39.47米
翼展	37.64米
高度	12.83米
空重	62730千克
最大起飞重量	85820千克
动力系统	2台CFM56-7B涡扇发动发动机
最大航速	907千米/小时
实用升限	12496米
最大航程	8000千米

■ 作战性能

P-8反潜巡逻机能携带15000千克各式炸弹,有AGM-84"鱼叉"导弹、AGM-84KSLAM远程对地攻击导弹、AGM-65"小牛"导弹,有Mk-46鱼雷、Mk-50鱼雷、MK-54鱼雷,能探100个以上预载声呐浮标。就反潜作战而言,P-8最主要的武器为MK-54反潜鱼雷。该鱼雷代表了轻型空投反潜鱼雷的最高技术水平。它配备了红外夜视传感器、用于探测舰船及小型船艇的机载雷达,以及可以探测水下潜艇的先进磁异常检测(MAD)系统。

▲ P-8先进的驾驶舱,乘员包括2名驾驶员和7名情报官

■ 知识链接

2014年从马航MH370客机失联后的第一天起,东南亚各国海军就派出了海上巡逻机来搜救这架飞机以及任何可能的幸存者。美国海军也派出了最先进的P-8A,尽管它不能完全确认飞机残骸,但这种巡逻机可以覆盖巨大的搜索区域,并指导该海域附近的船舶到达可能的失事地点。

FAIREY GANNET
"塘鹅"反潜巡逻机（英国）

■ 简要介绍

"塘鹅"反潜巡逻机诞生于二战后的英国，由于该机装备大型发动机导致机体肥胖臃肿，看起来颇像一只笨拙的大鹅，因此被定名为"塘鹅"，有"世界上最丑陋的军用飞机"之称。然而它是世界上第一种采用双轴涡桨发动机且同时具备"发现"和"猎杀"双重功能的舰载反潜机。更为可贵的是，"塘鹅"出色的设计使它在后来被改成早期预警飞机，甚至电子对抗飞机，即便在退出一线战斗部队后还能被作为运输机等广为使用。

■ 研制历程

早在二战期间，英国皇家海军舰队航空兵就发现航母舰载机是对付敌军潜艇的有效武器。于是在二战后期的1945年英军就公布了编号为GR.17/45的技术方案，寻求生产一种专门的舰载反潜机。

参与竞标的费尔雷公司和布莱克本公司提交了各自的设计方案。1946年8月两家公司都接到了各自制造两架样机的合同。

最终，费尔雷公司的方案胜出，该机最初被称为费尔雷-17。1950年6月19日，该机首次在"光辉"号航母甲板上进行试飞，由此费尔雷-17成为第一种成功在航母上降落的涡桨飞机。第一种生产型于1953年10月首飞，1954年3月正式服役。

◀ "塘鹅"反潜巡逻机

基本参数	
长度	13.1米
翼展	16.5米
高度	4.26米
空重	6382千克
最大起飞重量	10208千克
动力系统	1台Mark100双轴涡桨发动机
最大航速	500千米/小时
最大航程	1066千米

■ **作战性能**

"塘鹅"采用三轮车式起落架，前起落架为双轮，向后收起，单轮的主起落架则从机翼两侧向机身中部收起。飞机的三名乘员呈纵列布局，从前至后依次为驾驶员、领航员和雷达操作员的座舱，其中雷达操作员的座位面向机尾。"塘鹅"装备声呐、闪光信号弹和机载雷达。在其机腹弹舱中，可挂装鱼雷、深水炸弹、水雷和航弹等，在机翼下安装武器挂架还可以携带火箭弹和声呐浮标。

▲ 停在地面上的"塘鹅"反潜巡逻机

■ **知识链接**

大量"塘鹅"还被销往英国以外的国家。1952年年末，皇家澳大利亚海军订购了40架，从1955年年起交付，实际上最后只交付了36架，包括33架AS.1和3架T.2。这些"塘鹅"主要装备"墨尔本"号航母和海岸反潜部队。原西德海军航空兵则得到了15架AS.4和1架T.5。

HAWKER SIDDELEY NIMROD
"猎迷"反潜巡逻机（英国）

■ 简要介绍

"猎迷"反潜巡逻机诞生于英国，服役后替换了英国皇家空军海岸指挥部所拥有的老式活塞发动机"沙克尔顿"反潜巡逻机。外界认为它是一种电子侦察机改型，但英国军方说该型号仅用于测试无线电、雷达标准。从外观上看，该型号没有细长的磁异常探测器。2004年4月，美国诺斯罗普-格鲁门公司获得RMK1型的新型Helix任务系统的首阶段开发合同。该系统显著增强了该型号执行侦察任务的能力。

■ 研制历程

"猎迷"反潜巡逻机由英国宇航公司研制，其研制计划始于1964年，原型机由"彗星"4C客机改装而成。1967年5月23日，第一架原型机进行了试飞。第二架原型机于6月30日首飞。"猎迷"首批量产型为46架MRMK1，第一架1969年6月28日首飞，1969年10月开始到英国皇家空军第236作战部队服役。从1975年起，英军所拥有的35架MRMK1开始改进为MRMK2，第一架量产型在1979年8月交付给英国皇家空军。

▲ "猎迷"反潜巡逻机

基本参数	
长度	38.63米
翼展	35米
高度	9.8米
空重	80514千克
最大起飞重量	87091千克
动力系统	4台RB.168-200涡扇发动机
最大航速	926千米/小时
实用升限	12800米
最大航程	9266千米

■ 作战性能

"猎迷"反潜巡逻机机上有12名成员，包括驾驶舱内的正副飞行员、随机工程师，及导航员、战术导航员、无线电操作手、雷达操作手、两名声呐操作手、电子对抗和磁探测操作手、两名观察/货物操作手。声呐系统安装在机舱后半部分，包括多种声呐浮标，均安放在发射器上。一架MRMK1上的武器包括9枚鱼雷和炸弹，武器舱有保暖装置，以保持武器处于待发射状态。

▶ 在英阿马岛海战期间，英国空军在"猎迷"反潜巡逻机上加挂了AIM9"响尾蛇"空空导弹、"小牛"空地导弹以及"鱼叉"反舰导弹，让其具备一定的空战自卫能力，成为世界最大的战斗机。在海湾战争中"猎迷"反潜巡逻机还击沉了15艘伊拉克海军的舰只

▲ "猎迷"反潜巡逻机驾驶舱

■ 知识链接

英国宇航公司成立于1963年，在军用机研制方面是世界先进水平。主要生产亚声速、超声速飞机。此外，公司还从事导弹、空间卫星、电子设备、仪表、武器系统、测试设备等多种产品的设计和生产。它是英国最大的航空制造企业，也是西欧最大的航空制造企业。

BREGUET ATLANTIC
ATL2 "大西洋" 反潜巡逻机（法国）

■ 简要介绍

ATL2反潜巡逻机，代号"大西洋"，是法国的一种远程海上反潜巡逻机。它具有巡航速度快、低空巡逻时间长、低空机动性好，以及可携带各种武器和设备在全天候条件下执行任务等特点，是ATL1和P-2反潜巡逻机的后继机。主要用于发现和攻击潜艇和海上目标，也可以执行空中预警、运输、侦察以及空、海救援等任务。

■ 研制历程

ATL2是法国达索公司在北大西洋公约组织早期的ATL1反潜巡逻机的基础上发展的，而ATL1型飞机是在1964—1974年间生产的，供法、德、意大利和荷兰等国的武装部队使用。

ATL2的论证从1977年7月开始，1978年9月开始研制发展，第一架原型机于1981年5月8日首飞，第二架原型机于1982年5月26日试飞，生产型于1989年10月开始交付法国海军，于1991年4月形成初始作战能力。

▲ ATL2 "大西洋" 反潜巡逻机

基本参数	
长度	33.63米
翼展	37.42米
高度	10.89米
空重	25700千克
最大起飞重量	46200千克
动力系统	2台"苔茵"20MK21涡桨发动机
最大航速	648千米/小时
实用升限	9145米
最大航程	9075千米

■ 作战性能

ATL2采用正常式布局，悬臂式平直中单翼，机身采用全金属破损安全结构，截面为8字形，上部为增压舱，下部为武器舱，2台涡桨发动机安装在机翼上，装有先进的电子系统和武器系统，乘员10～12人。机上配备有Iguane可收放雷达，Uliss53惯性导航系统，前视红外传感器，用于电子支援系统的Arar13雷达，用于处理主动和被动声响控测数据的sadang数据，北约Link11数据链路以及各种通信导航设备等。武器方面有8枚深水炸弹、8枚MK46制导鱼雷或两枚空对面导弹等，典型配置为3枚鱼雷和1枚"飞鱼"导弹，4个翼下挂架可以挂ARMAT或"魔术"导弹等。

▲ ATL2"大西洋"反潜巡逻机机组通常包括12人，包括驾驶舱内的正、副驾驶员和随机工程师，内舱的若干设备操作员、情报员和观察员

■ 知识链接

达索公司是法国的一家飞机制造公司，1928年由马塞尔·达索创立。自诞生以来主要以军用飞机为经营重点，如著名的阵风战斗机出自其手，进入20世纪90年代以后才开始在高级政府公务飞机领域发展。达索公司是世界主要军用飞机制造商之一，具有独立研制军用和民用飞机的能力。

KAWASAKI P-1
P-1海上巡逻机（日本）

■ 简要介绍

P-1是日本的一种四发涡扇海上巡逻机，它在规划上非常注重提高速度与扩大作战半径，同时也力求强化机上的任务装备，有效地执行反潜、反舰、指管通情等机能。由于P-1价格较为昂贵，无法一对一替换80架P-3C；不过由于其速度与作战性能较高，能用较少的数量达成原本P-3C机队的任务能量。日本海自打算采购65~70架P-1，在2020年左右全面替换P-3C机队。

■ 研制历程

P-1海上巡逻机研制始于2000年的反潜/运输机联合研发计划，P-1在计划验证阶段称为P-X，原型机试作阶段称为XP-1，由日本防卫省技术研究本部和川崎重工为日本海上自卫队研制。2007年7月4日，P-X的1号飞行测试机出厂；同年9月29日，P-X的1号飞行试验机首次试飞，改名为XP-1。2013年3月12日，日本防卫省宣布P-1的机体开发工作完全完成，而首批两架量产型P-1也随后于3月29日正式配置于海自厚木航空基地。

▲ 日本海自的 P-1 海上巡逻机

基本参数	
长度	38米
翼展	35.4米
高度	12.1米
最大起飞重量	80000千克
动力系统	4台XF7-10涡扇发动机
巡航速度	833千米/小时
实用升限	13520米
巡航距离	8000千米

■ 作战性能

P-1配备日本东芝新开发的HPS-106主动相控阵雷达（AESA），机腹总共设有30个声呐浮标投放口，机腹设置一个内置式弹舱，能容纳制导鱼雷、反潜炸弹等武器，两边主翼最多总共能挂载8枚反舰导弹。因此，P-1与P-3C一样，兼具反潜与反水面作战功能。以往采用涡轮螺旋桨发动机的P-3C由于飞行速度较慢，需要花费更多时间抵达目标区，增加了目标潜艇逃逸的时间；而采用涡轮扇喷气式发动机的P-1的速度更快，巡航高度也较高，能在更短时间抵达目标区，并在相同时间内巡逻更广大的空域，整体作战效能大幅提高。

▲ P-1 编制 2 名驾驶机组人员，机舱另有 11 名负责作战任务（反潜、洋面监视、指管通情等）的人员

■ 知识链接

川崎重工起家于日本明治维新时代，1939年公司更名为川崎重工株式会社。二战期间该公司为日本军队提供了"飞燕"战斗机、五式战斗机、一式运输机等空军装备。二战结束后，川崎重工仍然保持重要地位，其业务涵盖航空、航天、造船、铁路、发动机、摩托车、机器人等领域，代表了日本科技先进水平。

BOEING E-4
E-4空中指挥机（美国）

■ 简要介绍

E-4是美国在役的最高级空中指挥机，属于美国国家军事指挥中心的备份指挥设施。当美国本土受到核攻击或大规模常规空袭时，最高领导层可在飞机上保持与本国战略核力量之间的联系和指挥功能。美国空军现有的4架E-4B飞机目前部署在内布拉斯加州奥马哈附近的奥弗特空军基地，隶属于空中作战司令部第12航空队第55联队，由第一空中指挥和控制中队负责操作。美国的E-4B空中指挥机在同类机型中堪称翘楚。

■ 研制历程

20世纪70年代，美国空军为了实现灵活核反应战略、加强指挥系统抗破坏能力，与波音公司签订了将波音747-200B大型客机改装为E-4型空中指挥机的合同。

1973年6月13日，第一架E-4A首次试飞，次年12月开始交付，至1975年共改装完成3架E-4A投入使用。从第四架开始换装先进设备，改称E-4B，于1980年1月开始服役。到1985年，前3架E-4A均陆续被改进为E-4B，此后仍不断进行系统升级。

▲ E-4 空中指挥机

基本参数	
长度	70.51米
翼展	59.64米
高度	19.33米
最大起飞重量	362875千克
动力系统	A型4台JT9D涡扇发动机，B型4台CF6-50E涡扇发动机
实用升限	9091米

■ 作战性能

E-4B共有3层甲板，上层为驾驶舱和乘员休息室；中层分六个功能区，从前向后有最高指挥当局的办公室、会议室、简令室、参谋人员工作区、通信控制中心和休息区，最下一层为通信设备舱和维护工作间。机上乘员可达114人，包括联合军种作战人员、空战司令部飞行员、维护和安全人员、通信人员和其他补充人员。

E-4B的机体和内部设施都进行过加固处理，有效地提高了核战争环境下的生存力。其机载电子设备中有13套对外通信设备及其所用的46组天线，还包括超高频卫星数据链、搜索雷达、塔康系统、甚高频无线电导航、双重无线电罗盘等，不仅可与分布各地的政府组织和军队部门联系，也能接入民用电话与无线电通信网。机上还配备了由发动机驱动的8台150千伏安发电机组，为大量的电子设备提供电力。

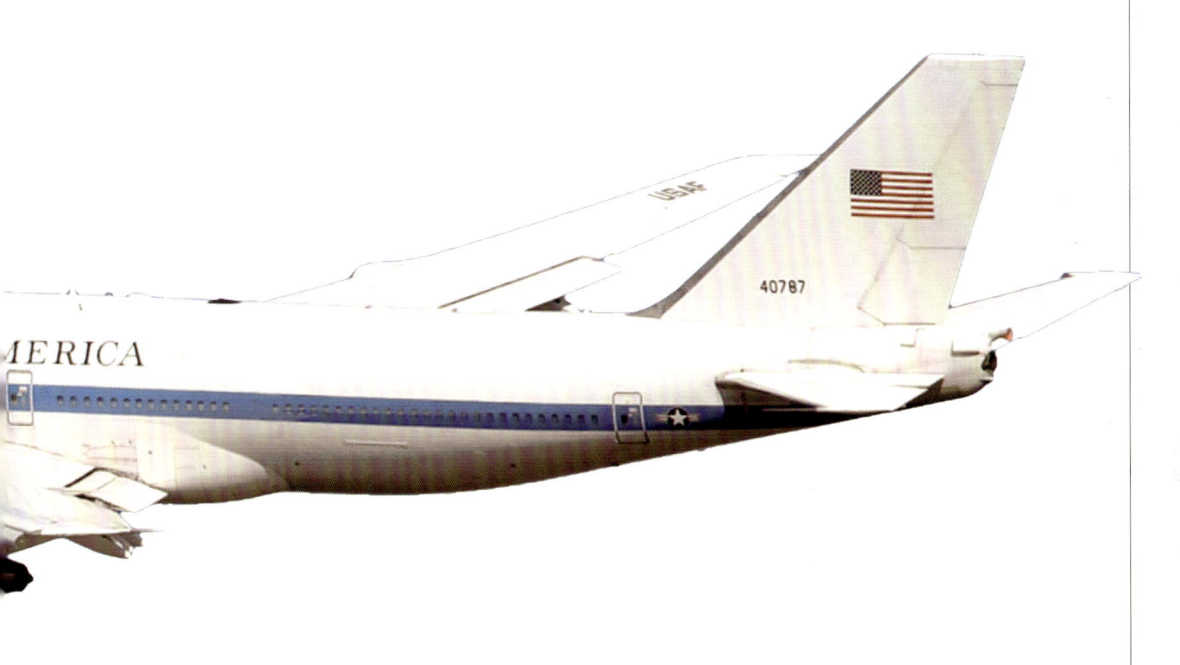

▲ 美国空军共装备有4架 E-4B，为了给予美国国家指挥当局直接的支持，每天至少有1架 E-4B 在美军驻全球各大军事驻地的上空盘旋警戒

■ 知识链接

空中指挥机是一种现代化高生存性的指挥、控制和通信中心，可以指挥部队，执行紧急战争命令，并协调地方政府的行动。空中指挥机也是在空中指挥部队作战的飞机，它既可在紧急情况下充当指挥所，也可用作前线临时指挥机构，以保障对军队的战斗行动实施实时的不间断指挥，在现代作战中起着重要作用。

E-8 JOINT STARS
E-8战场联合监视机（美国）

■ 简要介绍

E-8，代号"联合星系统"，是美国空军和陆军的合作研制项目，美军现代空地一体战的重要装备，对监视军事冲突和突发事件中的地面情况，控制空地联合作战都具有重要作用，堪称空中与地面之间的神经中枢。E-8C联合星系统，其全称应为联合监视目标攻击雷达系统（JSTARS）。是世界上最先进的机载对地监视、目标搜索和战场管理系统，它可以对敌对的地面移动目标进行探测、定位、分类，并将实时信息通过保密数据网络传递给美空军和陆军指挥所。

■ 研制历程

1982年，负责国防研究与工程的美国国防部副部长提出，将陆军的"远距离目标捕捉系统"和空军的"铺路移动者"系统合并，这就是后来的联合监视目标攻击雷达系统（JSTARS，简称"联合星系统"），并由空军的电子系统部牵头负责该项目。

1988年4月，诺斯罗普-格鲁门公司制造出了第一架E-8A原型机，并很快完成了飞行试验。E-8A为最早的两架原型机；E-8B采用新的机体；E-8C为主要量产型。第一架E-8C型飞机是1994年3月开始飞行的，1996年6月11日便交付美空军第93空中控制联队使用，现驻扎在美国罗宾斯空军基地。同年12月13日第二架E-8C型机也飞抵该联队服役。1997年12月，空军宣布E-8C已具备初步的作战能力。

基本参数	
长度	46.6米
翼展	44.4米
高度	12.9米
最大起飞重量	152400千克
动力系统	4台JT-3D型涡扇发动机
最大航速	1010千米/小时
实用升限	12600米

■ 作战性能

　　E-8C飞得远、飞得高，续航时间又长，且雷达探测距离大，可达250千米，因此它可以在敌火力范围之外活动。E-8C是战场指挥官及时了解战场战术态势最有效的手段，因为它与侦察卫星和无人机相比更具有优势。侦察卫星距离太远，而无人机的探测范围和探测时间又很有限，并且它们的实时性比E-8C差。E-8C上的雷达数据可通过数据链及时传到美国陆军的地面站上进行处理和显示，而且雷达的各种工作方式也可交错进行，可在不同的显示器上监视到不同的画面。根据E-8C飞机所提供的数据，空军和陆军的作战部门就可协调行动，对敌方的目标进行攻击，同时在情况复杂的战场上避免误伤自己，也可对战斗破坏情况进行评估，分析攻击效果，以便采取进一步行动。

▲ E-8C飞机上共有17个系统操作员和1个领航/自卫操作员，此外还有驾驶飞机的4名机组人员

■ 知识链接

　　海湾战争期间，E-8试验机匆匆赶到战场，并发挥了巨大作用，多次指挥美军摧毁伊拉克地面部队。其间飞行出击49次，总计飞行500小时。1995年E-8参与了欧洲南部的多次作战和维和行动，出击130余次、约飞行1500小时。

EMBRAER EMB 312H TUCANO
EMB-312H "超级巨嘴鸟"教练机（巴西）

■ 简要介绍

EMB-312H教练机，代号"超级巨嘴鸟"，是巴西空军的一种初级教练机，用来取代T-34C教练机。它机动性较好，具有较高的安定性，能在简易跑道上短距离起落。除能满足美国联邦航空条例第23部附录A的要求外，还满足美国军用规范和英国民航机适航性要求第K章的要求。制造上采用数控整体机械加工、化学铣切和金属胶接等先进工艺技术。

▶ 正在起飞的"超级巨嘴鸟"教练机

■ 研制历程

EMB-312是巴西航空工业公司为巴西空军研制的初级教练机，用来取代T-34C教练机。

1978年1月开始设计，同年12月6日巴西航空工业公司与巴西航空部研究发展局签订生产两架原型机和两架用于静力和疲劳试验机体的合同。飞机编号一开始被定为EMB-312F（F表示未来）。在EMB-312F这个编号被法国购买的"巨嘴鸟"占用后，项目被重新命名为EMB-312H"超级巨嘴鸟"。

第一架和第二架原型机分别于1980年8月16日和1980年12月10日首次试飞，向生产型过渡的第三架原型机于1982年8月16日首次试飞，巴西空军订购了118架。1983年9月29日开始交货，至1986年9月交付完毕。

◀ "超级巨嘴鸟"驾驶舱仪表

基本参数	
长度	9.86米
翼展	11.14米
高度	3.4米
空重	1810千克
最大起飞重量	3175千克
动力系统	1台PT6A-25C涡桨发动机
最大航速	448千米/小时
实用升限	9150米
最大航程	3330千米

■ **作战性能**

"超级巨嘴鸟"上装备有两挺12.7毫米机枪、MAA-1"比拉鱼"空空导弹、MK81/82常规炸弹、BLG-252集束武器、激光制导炸弹。2011年年底在美国空军轻型螺旋桨攻击机选型竞争中，巴西"超级巨嘴鸟"教练机轻松战胜AT-6教练机。

■ **知识链接**

教练机是训练飞行员从最初级的飞行技术到能够单独飞行与完成指定工作的特殊机种。无论是操作军用或者是民用飞机的飞行员都需要经过一些相同的训练程序，使用类似的教练机完成基础飞行课程。常见的教练机分类方式有两级制与三级制两种。两级制分为初级与高级教练机；三级制分为初级、中级与高级教练机。

BAE SYSTEMS HAWK T2
鹰式高级教练机（英国）

■ 简要介绍

鹰式高级教练机是英国空军的一种中高级喷气教练机，可执行近距离空中支援任务。该机用以取代"喷气校长""蚊"和"猎人"等第一代喷气教练机。由于设计得合理，鹰式教练机成为20世纪80年代之后世界上一种非常优秀的中高级教练机，无论教练用途还是低强度对地支援均可胜任，多个国家购买了该机的不同型号。

■ 研制历程

鹰式教练机源于20世纪60年代末英国皇家空军训练司令部更新现役教练机的计划。当时英国多种新型作战飞机正在研制，相应地要求现有飞行训练体制做出配合改进，其中最核心的就是发展新一代中高级喷气教练机。

英国飞机公司和霍克·西德利公司展开了设计竞争。1971年10月，霍克·西德利公司中标。其设计传统正规，因此未经原型机试飞，就直接进入了生产5架预生产型飞机的阶段。1974年8月21日首飞，首批生产型飞机于1976年11月4日服役。

▲ 鹰式高级教练机

基本参数	
长度	11.86米
翼展	9.39米
高度	3.99米
动力系统	1台RT.172-06-11"阿杜尔"不加力涡扇发动机
最大航速	1037千米/小时
实用升限	15250米
最大航程	2430千米

■ 作战性能

鹰式有多种型号,其中鹰式100的外挂架增加到5个。在执行空中格斗任务时,仅由一名飞行员操纵即可完成任务。采用手不离杆操纵的设计,机上加装MIL STD 1553B数据总线,连接前后座舱共两个彩色阴极射线管多功能显示器、3KN2416惯性导航装置、史密斯工业公司的平视显示器、武器瞄准计算机,火控能力大大提高,攻击威力倍增。采用了新的大气数据传感器组,可选用激光测距仪和前视红外设备。使用"阿杜尔"-871涡扇发动机,使低空飞行性能改善,推力大大提高。

◀ 早期英国皇家空军的"鹰"采用的是蓝、白、红或红白相间的涂装,现已全部改成了黑色高视涂装,因为英国皇家空军通过研究发现,黑色在空中是最醒目的颜色

▲ "鹰"的座舱盖整体向右翻开,座舱盖采用单块玻璃

■ 知识链接

英国皇家空军最著名的"鹰"T.1中队是"红箭"飞行表演队,这支有着悠久历史的表演队以精彩的9机大编队特技而享誉世界。1980年"红箭"接收了11架"鹰"T.1来代替"蚊蚋"T.1。"红箭"的"鹰"为飞行表演进行了优化,机腹安装一个外形类似"阿登"机炮吊舱的318升的发烟剂吊舱。发烟剂实际上就是柴油,雾化后形成白烟,混入红或蓝色染料后形成红烟或蓝烟,每根管道喷一种颜色,由飞行员手动控制。

T-45 GOSHAWK
T-45"苍鹰"教练机（美国）

■ 简要介绍

T-45教练机，代号"苍鹰"，是美国海军一型单发、串列双座高级教练机。T-45教练机被用来取代T-2C和TA-4J教练机。总承包商为美国波音公司，英国BAE系统公司是主要的分承包商，负责提供机身、机翼、尾翼、主起落架、座舱风挡和座舱盖及飞控系统。发动机由英国罗·罗公司、法国透博梅卡公司提供，主要的航电设备由罗克韦尔·柯林斯公司和霍尼韦尔国际公司提供。以色列埃尔比特系统公司提供了多功能显示器。

■ 研制历程

T-45是美国海军"喷气飞行训练系统"（VTXTS）计划的产物。该计划旨在研制一种新的教练机。

1981年11月18日，美国波音公司立项研制，1984年10月进入全面型号研制。两架原型机分别于1988年4月16日和11月首飞。首架生产型飞机于1991年12月16日首飞，1992年1月23日开始交付美国海军。

首架配装"21世纪座舱"的T-45C于1994年3月19日首飞。从1997年10月开始交付的T-45均为此标准。到2010年完成了所有飞机的交付。

▲ T-45"苍鹰"教练机

基本参数	
长度	11.99米
翼展	9.39米
高度	4.08米
空重	4460千克
最大起飞重量	6387千克
动力系统	1台F405-RR-401无加力涡扇发动机
最大航速	1038千米/小时
实用升限	12950米
最大航程	1288千米

■ 作战性能

T-45以鹰式教练机为基础设计,外表也相差无几,但为顺应美国海军要求,机翼前缘加上了电动油压驱动的襟翼,以便在降落时伸出去产生更多升力,内部结构重新设计和强化。起落架重新设计以承受更大冲击力,前起落架是双轮并加上拖杆。后机身两侧加上减速板,后机身下方加上尾钩并强化结构。

T-45后座舱有武器瞄准具,无内置武器,每侧机翼下有1个挂点,可带教练(炸)弹架、火箭弹发射器或副油箱,在进行高级训练时具备武器投放能力。如有必要,还可在机身中线处外挂1个吊舱。

▲ "苍鹰"教练机是串列双座,整体座舱盖向右打开

■ 知识链接

美国海军利用T-45C来训练F/A-18"大黄蜂"、F/A-18E/F"超级大黄蜂"、EA-18G"咆哮者"、EA-6B"徘徊者"和AV-8B"鹞"Ⅱ的飞行员。美国海军共部署了4个装备T-45C的训练中队。至2000年4月,T-45系列已累计飞行了34.2万小时,完成了2.2万次航母上的降落,训练了1328名飞行员;至2003年2月,T-45的累计飞行时数已突破45万,完成了2.85万次航母上降落,训练了1800名飞行员。

KAI T-50 GOLDEN EAGLE
T-50 "金鹰" 教练机（美国/韩国）

■ 简要介绍

T-50教练机，代号"金鹰"，是韩国和美国合作的一款超声速高级教练机，用以取代现役鹰式Mk67型、T-38教练机等转换教练机的一款先导教练机。其各方面的性能均非常优异，采用了可精确操纵飞行的数字电传控制系统、可用于提高机动能力的放宽静稳定度技术、可同时锁定多个目标的先进的自主攻击传感器以及分子筛机载制氧等。该机是唯一装有F404-GE-402型喷射燃烧器发动机的高级教练机。它的高机动性和先进的电子设备，使其可作为F-22等第五代战斗机的教练机使用。

■ 研制历程

T-50教练机是韩国航太工业公司与美国洛克希德-马丁公司联合为韩国空军研制的超声速喷气攻击机、高级教练机。项目于1997年10月正式启动，1998年完成基本设计，1999年完成详细设计，2001年1月生产出首架可飞行样机。原型机在2002年8月20日首飞。2005年8月，首架T-50教练机量产机正式出厂。2006年1月，T-50教练机量产机正式移交韩国空军，进入作战序列担负战备任务。

▲ T-50 "金鹰" 教练机

基本参数	
长度	13米
翼展	9.2米
高度	4.8米
空重	6441千克
最大起飞重量	11985千克
动力系统	1台F404-GE-102涡扇发动机
最大航速	1838千米/小时
实用升限	16760米
最大航程	1851千米

■ **作战性能**

　　T-50教练机整体构型设计系以洛克希德-马丁公司F-16战斗机为基础，但重量和尺寸分别为后者的70%和80%，结构及涂装也有70%、80%的相同性。T-50装有门口径机关炮，可向空中发射1200毫米只管旋转机炮，时速3000发/分，备弹208发。该机战时可挂载AIM-9"响尾蛇"导弹、MK80系列炸弹等各种武器，作为对地攻击机使用。

▲ T-50B 是韩国空军飞行表演队专用表演飞机

■ **知识链接**

　　洛克希德-马丁公司前身是洛克西德公司，创建于1912年，是一家美国航空航天制造商。公司在1995年与马丁·玛丽埃塔公司合并，并更为现名。公司总部位于马里兰州。公司在航空、航天、电子领域均居世界前列，是世界上最大的战斗机制造商之一。在航天方面，它控制美国全部军用卫星的生产及发射业务；在导弹方面，它是美国洲际导弹的主要制造商。

M-346 MASTER
M-346高级教练机（意大利）

■ 简要介绍

　　M-346教练机是意大利的一种具有世界顶尖水平的高级教练机，具有超越世界上同级别高级教练机的优越性能：它的全机推重比高，空战推重比接近1；人机界面十分友好，其座舱人机接口技术向第五代战斗机看齐；气动外形设计优秀，最大可控迎角可达40°，完全可以模拟最新型的第五代战斗机的跨声速飞行特性和大迎角飞行特性。因此，有人称M-346是第一种真正意义上的第五代高级教练机，这意味着它可以为F-22等最先进的第五代战斗机训练飞行员。

■ 研制历程

　　早在20世纪80年代，意大利阿莱尼亚·马基公司就开始对下一代高级教练机进行调研，并在90年代初期同道尼尔公司共同提出了AT-2000/PTS-2000教练机设计方案。与此同时，俄罗斯的雅克夫列夫设计局也在进行着类似的研究工作。

　　1992年，阿莱尼亚·马基公司与雅克夫列夫设计局合作开发验证机。1996年4月，该验证机首飞成功。然而到1999年，由于双方在项目需求和优先权上存在分歧，加上俄罗斯遭遇金融危机，合作终止。于是阿莱尼亚·马基公司自行研制。

　　2003年6月，首架M-346原型机完成总装，2004年7月15日首飞成功，2005年5月第二架原型机完成首飞。

基本参数	
长度	11.49米
翼展	9.72米
高度	4.76米
空重	4610千克
最大起飞重量	6700千克
动力系统	2台F124-GA-200涡扇发动机
最大航速	1059千米/小时
实用升限	13715米

■ **作战性能**

M-346采用了大边条设计,有效地利用了非定常涡升力,而且其机翼上安装了大面积的前缘机动襟翼,其翼根处还吊挂有向外伸出的大面积翼刀,这种设计可以延缓边条翼拖出涡流的破裂,从而有效地提升了飞机的升力特性和大迎角飞行性能。其机体结构大范围地使用高性能合金材料和碳纤维复合材料,并在机体结构设计中引入了损伤容限设计的理念,这使其空机结构重量被控制在一个非常低的水平。

▶ M-346高级教练机有9个武器外挂点,可挂载副油箱、空空导弹、空地导弹、火箭发射装置和各种炸弹

▲ M-346采用全权数字四余度飞行控制系统,两个座舱都配有3个彩色液晶多功能显示器和1个平视显示器,其座舱视野良好,方便飞行员了解飞机状态并感知战场态势

■ **知识链接**

由于F-22A和F-35都不存在双座教练型号,因此美国空军急需先进的第五代高级教练机来训练F-22A和F-35的飞行员。虽然目前美国空军可以在F-22A和F-35地面模拟器中训练战斗机飞行员,但是地面模拟器仍存在局限性,而M-346不仅具备第五代战斗机的部分飞行特性,而且其先进航电系统和座舱也相对接近于F-22A和F-35。因此,阿莱尼亚·马基公司也在全力争取美国空军的订单。

AERMACCHI MB-339
MB-339高级教练机（意大利）

■ 简要介绍

MB-339是意大利的一种双座串列教练/攻击机，它是为了取代MB-326和G-91T教练机而执行训练任务。MB-339航空电子系统先进，配有数字式导航/攻击系统及其他先进的航空电子设备，是世界上先进教练/攻击机之一。

■ 研制历程

MB-339是MB-326的发展型，由意大利阿莱尼亚·马基公司研制，共造两架原型机，分别于1976年8月和1977年5月首飞。第一架生产型MB-339A于1978年7月首飞，1979年8月交付，在意大利空军中作为全程喷气教练机使用。MB-339A共生产160余架，1987年停产。其主要用户有意大利、阿根廷、秘鲁、马来西亚和尼日利亚。

MB-339B与MB-339A相比增加了近距空中支援能力，翼尖油箱加大，装一台"威派尔"MK680-43涡轮喷气发动机。

MB-339K为单座对地攻击型，1980年5月首飞，动力装置同B型。

MB-339C为改进的教练/近距空中支援型，于1985年12月首飞，采用全综合数字导航/攻击系统及平视显示器和新型动力装置，服役寿命可达10000飞行小时，新西兰空军1990年订购了18架，1993年交付完毕，随后意大利空军订购了15架，于1998年交付完毕。

▲ MB-339 高级教练机

基本参数	
长度	11.24米
翼展	11.22米
高度	3.99米
空重	3310千克
最大起飞重量	6350千克
动力系统	1台MK680-43涡喷发动机
最大航速	900千米/小时
实用升限	14240米
最大航程	2038千米

■ **作战性能**

MB-339的6个翼下挂点共载1815千克外挂武器,可挂集束炸弹、AN/SUU-11A/A7.62毫米小型机枪吊舱、"马特拉"155发射巢、空空红外制导导弹、AGM-65空空导弹和"马特拉"MKⅡ反舰导弹。它还具有数字式导航、攻击系统及其他先进的航空电子设备,典型设备包括CollinsAN/ARN-118(V)塔康或KingKDM706A测距器,Collins5L-RV-4B伏尔/仪表着陆系统接收机及MKI-3指点标接收机等。

◀ 阿联酋空军"骑士"飞行表演队

■ **知识链接**

阿联酋空军"骑士"飞行表演队是阿联酋"国宝级"的飞行表演队。该队成立于2011年,为七机编队,使用机型为意大利制造的MB-339A教练机。"骑士"飞行表演队成立伊始,便亮相于迪拜航展以庆祝阿拉伯联合酋长国建国40周年,随后又在2012年的阿联酋国庆庆典上,以惊险的特技飞行表演和炫目的四色彩烟技惊四座。

POLIKARPOV PO-2
波-2教练机（苏联）

■ 简要介绍

波-2，初期称乌-2，是苏联的一种多用途双翼机，也是苏联自制的第一种教练机。是20世纪30年代苏联空军学习飞行的首选机种，它以结构简单、成本低廉、易于生产维护，有操作性能好、起降性能出众的特点，为苏联培养了大批航空人才。该机还可以用作多种用途，如农用机、运输机、轰炸机、侦察机等。1944年，为纪念去世的波尔卡波夫，乌-2被改名为波-2。该机是历史上产量第二多的飞机，也是产量最多的双翼机，总产量达40000架以上。

■ 研制历程

1927年，苏联设计师波尔卡波夫受命设计一种用于飞行员基础训练的教练机，命名为"乌-2"，意为"教练机-2"型。

原型机于1928年1月7日首飞，1929年投入生产。波-2服役期间有多种改型：乌-2VS是轻型夜间轰炸机；乌-2NAK是夜间炮兵校射机；乌-2GN是宣传机；乌-2ShS是5座指挥联络机。

▲ 波-2 教练机

基本参数	
长度	8.17米
翼展	11.4米
高度	3.1米
动力系统	100hpM-11发动机
最大航速	150千米/小时
实用升限	3820米
最大航程	400千米

■ 作战性能

在卫国战争中，简陋到极点的波-2发挥了其他飞机不能取代的作用，被用作联络机、救护机、夜间轰炸机、教练机。作为联络机，波-2主要飞往敌后的游击队控制区，为游击队送去医药、通信器材、联络员等。作为救护机，则将危重的伤员送到后方医院。大量的波-2组成夜间轰炸机团，一到夜晚就飞临敌人的战线、机场等目标进行袭扰，虽然轰炸本身不会造成多大损失，但使敌方整夜不能安眠。波-2夜间在低空活动，敌方战斗机根本无法攻击，地面炮火也无法跟踪射击，所以获得了巨大成功。

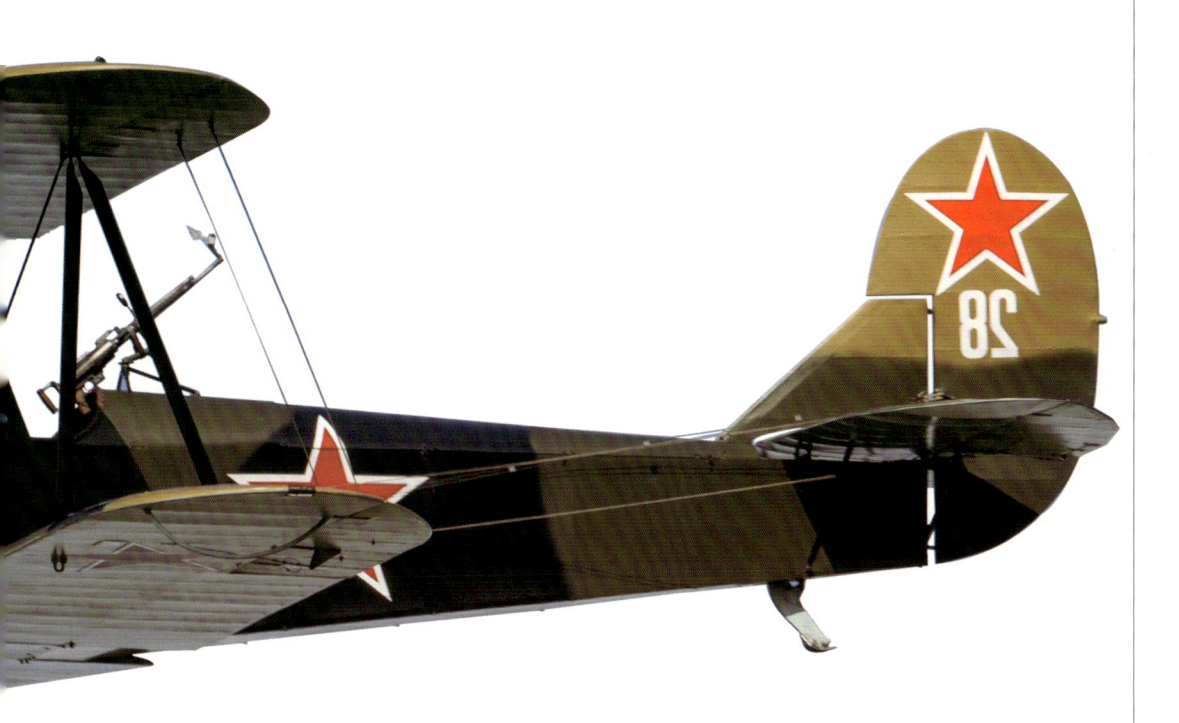

▲ 波-2教练机结构简单，性能可靠

■ 知识链接

1942年，苏军组建第588夜间轰炸机团，所有人员均为女性，装备波-2及其改进型夜间轰炸机，利用夜间出击，攻击敌军的宿营地、飞机场、供应仓库等目标，破坏效果谈不上巨大，但常常使敌人处于戒备状态，长期不能休息，因而对敌军产生了强大的心理战效果，这些女飞行员被德军称为"夜间女巫"。

YAKOVLEV YAK-130
雅克-130高级教练机（苏联/俄罗斯）

■ 简要介绍

雅克-130是雅克夫列夫设计局在苏联解体前夕立项、俄罗斯经济困难时期完成的一型高级教练机，对于雅克夫列夫设计局和俄罗斯都有着特殊的意义。它是俄罗斯目前最先进的同类产品，以良好的设计和优异的性能受到了俄罗斯空军和国外用户的青睐，并且在参考了其设计之后欧洲和东亚的一些国家设计生产了他们各自版本的雅克-130。它可以在现代战斗机所能遇到的所有飞行状态下飞行，利用这种教练机训练的飞行员可以驾驶多种战斗机。雅克-130的外国用户包括阿尔及利亚、孟加拉国、白俄罗斯、蒙古等国家。

■ 研制历程

20世纪80年代末，苏联空军和国土防空军决定开始研制下一代专用高级教练机，该项目的研制计划书随即下发到各个设计局。米格设计局、米亚希舍夫设计局、苏霍伊设计局和雅克夫列夫设计局都参与了该项目的竞争。最终雅克夫列夫设计局的设计方案中标。

雅克-130的第一架原型机雅克-130D于1994年11月30日下线，1996年4月25日开始试飞。

首架量产型的雅克-130于2004年4月首飞，第二架参加试飞的飞机于2005年春天到位，第三架于2005年秋季进入试验场参加试飞。

◀ 雅克-130 高级教练机

基本参数	
长度	11.49米
翼展	9.84米
高度	4.76米
空重	4600千克
最大起飞重量	10290千克
动力系统	2台进步AI-222-25涡扇发动机
最大航速	1060千米/小时
实用升限	12500米
最大航程	2100千米

■ 作战性能

雅克-130采用中单翼的常规布局,并采用后掠翼和全动水平尾翼,有可收放前三点起落架(低压轮胎),能在小型土质机场起降。具有优良的气动外形和先进的机载电子设备,安全系数较高,使用寿命较长,既可以用于培训苏-30、米格-29驾驶员,也可以担负多种类型欧美战斗机驾驶员的训练任务。

◀ 雅克-130机腹和翼下共有9个外挂点,可带俄制和西方的武器或副油箱

■ 知识链接

相比于上一代教练机,雅克-130告别了气动设计落后的历史。此外,雅克-130的设计思路从一开始就是正确而且具有前瞻性的。它不仅可以作为一架教练机,更可以作为一架真正的战斗机。

MIKOYAN MIG-AT
米格-AT高级教练机（俄罗斯）

■ 简要介绍

米格-AT是俄罗斯研制的一种先进的多用途教练机，用于取代L-29和L-39教练机。它不仅具有良好的飞行性能，而且具有安全性高、直接使用成本低和多功能等特点。该机与前线作战飞机具有相同的机动性，使用寿命15000个小时或30年，不少于25000个起落。该机可在其基本型教练机的基础上改装成轻型攻击机和战术战斗机。

■ 研制历程

在苏联时代，华约空军都采用捷克的L-29、L-39，这不是苏联缺乏教练机的设计、制造能力，而是社会主义分工的结果。华约和苏联解体后，俄罗斯空军中已经老旧的L-29、L-39需要大批替换，继续进口捷克更新一代的L-59在政治上不可接受，于是俄罗斯空军决定自行研制。

米格和雅克夫列夫设计局都递交了方案，雅克-130入选，但一番折腾之后，俄罗斯空军推翻原来的决定，选用米格-AT教练机。

米格-AT于20世纪80年代末开始设计，1992年法国公司参与合作。1996年3月16日原型机进行了首次试飞。

▲ 米格-AT 高级教练机

基本参数

长度	12.01米
翼展	10.16米
高度	4.01米
空重	4610千克
最大起飞重量	8300千克
动力系统	1台拉扎克04R20/RD-1700发动机
最大航速	1000千米/小时
实用升限	14000米
最大航程	2000千米

■ **作战性能**

米格-AT系列的基本型为教练型,主要采用下单翼、中置平尾、双发、串列式双座驾驶舱、前三点式宽距轮距起落架布局。该机先进的气动布局设计和因选用透博梅卡公司1台拉扎克04R20/RD-1700涡扇发动机所获得的高推重比,使之具有优异的亚声速机动性和操纵性、高爬升率、低着陆速度及较短的起飞和着陆滑跑距离。

▲ 教练机需要具有很高的出动率,以大量培训新飞行员,所以需要运行成本低廉、维修简单。米格-AT不仅具有良好的飞行性能,而且具有安全性高、直接使用成本低和多功能等特点

◀ 米格-AT作为歼击机使用时,可以配备一门20毫米机炮、两个非制导火箭吊舱(或两枚轻型航弹)以及两枚空空导弹

■ **知识链接**

米格-AT的飞行控制系统采用与先进战斗机相同的线传飞控系统,机体使用了大量的复合材料,加上优异的气动外形和先进的发动机,使得它的推力远高于同时期的其他高级教练机。它的7个外挂点可载武器达两吨,可以用作对地攻击机使用,只有俄罗斯的另一款高级教练机雅克-130可与之媲美。

PILATUS PC-21
PC-21基础教练机（瑞士）

■ 简要介绍

PC-21是瑞士生产的一种基础教练机，它采用21世纪的设计、技术及材料，旨在以涡轮螺旋桨飞机的成本提供高级飞行员训练及飞行/WSO武器训练。该机的传动系统具有很强的稳定性，能防止实习飞行员误操作而造成飞机飞行姿态的振荡。它采用了新型的机翼前缘，可以防止与飞机撞击的飞鸟破坏机翼结构，提高了飞行的安全性。它飞行速度快、教学安全性好，比现役的任何涡轮螺旋桨基础教练机都要优秀，滚转效率不亚于"台风"战斗机。

▶ PC-21 有良好的机动性

■ 研制历程

自1978年以来，瑞士的皮拉蒂斯公司相继生产了口碑甚好的PC-7和PC-9螺旋桨基础教练机，但这家公司并不满足，决定开发一种适应21世纪空军需要的新一代螺旋桨基础教练机。这便有了PC-21。

PC-21基础教练机的研发工作从1998年12月开始启动，2002年7月第一架原型机首飞，2004年12月末完成了适航性和机载设备检验试飞任务，之后便是历时一年的一系列改进。瑞士军方于2007年2月订购了6架PC-21。

▲ PC-21 基础教练机

基本参数	
长度	11.5米
翼展	9.12米
高度	3.8米
动力系统	惠普PY6A-68B涡桨发动机
最大航速	685千米/小时
最大航程	1333千米

■ 作战性能

瑞士是世界著名的精密仪器生产大国，精密工艺在PC-21基础教练机身上也得到充分的展现。它的玻璃座舱很别致，布局有些像"鹰狮"。这里安装了零高度、零速度弹射座椅，座椅设计了抗过载理念，设计有较明显的后倾角。飞行员前面仪表板非常简洁明快，有3个150毫米×200毫米的主动式矩阵液晶显示器和座舱夜视系统，居中的液晶显示器主要显示有关的飞行参数，用于对飞行安全评估。总之，它让实习飞行员在座舱里的感觉很贴近先进的一线战斗机。

▶ PC-21有5个外挂载点，1个位于中线，4个位于翼下，最大载弹量1150千克

▲ PC-21基础教练机正视图

■ 知识链接

PC-21推出后，它的绝大多数航电设备都具有模仿一线战斗机的能力，使它与喷气式高级教练机能进行高效的教学链接，从内到外，都让人耳目一新。PC-21突出的表现迅速引起了多个国家的注意，先后出口到澳大利亚、南非及英国。法国人也正是看中了PC-21初级教练机的出色性能，才一次性采购17架，用来保障本国飞行员训练，提升飞行员训练水平。

161

L-39 ALBATROS
L-39"信天翁"教练机（捷克斯洛伐克

■ 简要介绍

L-39，代号"信天翁"，是捷克斯洛伐克生产的一种高中级教练机。它价格低廉、可靠安全、生存力强、易于维护、用途广泛，既能对学员进行中级飞行训练和初步武器训练，也配备有高级飞行训练用的设备，还可作为一种轻型对地攻击机使用。在欧洲、亚洲、非洲和美洲的16所军事飞行学院的训练实践表明，L-39具有良好的实用性和适应能力。在教练机中，L-39的名声很大，有"华约教练机之王"之称，苏联空军曾把它作为主力教练机。至1993年年底L-39各型别已生产2800多架，广泛应用于华约国家。

▲ L-39"信天翁"教练机驾驶舱

■ 研制历程

L-39教练机由捷克斯洛伐克沃多乔迪航空公司研制，共制造了7架原型机，其中02号机于1968年11月进行了首次试飞，1972年开始批量生产，1974年正式在捷克斯洛伐克空军中服役。系列生产于1999年终止。

▲ L-39"信天翁"教练机

基本参数	
长度	12.13米
翼展	9.46米
高度	4.77米
空重	3440千克
最大起飞重量	5670千克
动力系统	1台AL-25TL涡扇发动机
最大航速	755千米/小时
实用升限	11500米
最大航程	1800千米

■ 作战性能

L-39ZA是对地攻击、侦察型，机身下有机炮吊舱，加强的机翼下有4个武器挂架；为串列双座，可进行所有机动飞行、攻击和投弹训练，并可完成一定的攻击任务。装备有GSH-23机炮和带有半视显示器的现代航空电子设备。

L-39外形简洁，小巧轻盈，易于操纵，在轻型螺旋桨飞机上受过基础训练的飞行学员可直接驾驶L-39。L-39在恶劣的气候或高温多尘等环境中都能保持其良好的性能。总的来说，该机可靠性高、易于维护、便于保养，有较长的服役寿命。

◀ L-39外形简洁，小巧轻盈，易于操纵

■ 知识链接

2008年俄罗斯接连两架L-39教练机坠毁：1月28日，俄罗斯克拉斯诺达尔高等空军学校的一架L-39双座教练机在伏尔加格勒州科捷利尼科沃区失事，一名飞行教官丧生，一名学员受重伤；2月1日，俄罗斯克拉斯诺达尔高等空军学校的一架L-39教练机在俄西部克拉斯诺达尔边疆区阿尔马维尔机场坠毁，飞行员成功跳伞逃生。

KI-55 TRAINER
99式高级教练机（日本）

■ 简要介绍

99式高级教练机是二战期间日本陆军航空兵的高级教练机，是日本立川飞机厂将98式直协侦察机改型而成的高级教练机，是初级教练机与作战飞机间的过渡机型。通常要在经过初级、中级教练机训练的基础上才能进入该型机的训练。

■ 研制历程

1938年，日本立川飞机厂研制成功98式直协侦察机，由于该机飞行员视界开阔、飞行速度范围宽、机动性和起飞着陆性能好，因而于1939年4月决定将该机改型成操纵训练用的高级教练机，制式型号为99式高级教练机，工厂编号キ55。99式高级教练机在立川、川崎两间工厂累计生产了1386架。

▲ 99式高级教练机

基本参数

翼展	11.8米
翼展面积	20平方米
高度	3.64米
空重	1292千克
最大起飞重量	1721千克
动力系统	1台日立98式风冷星形9缸活塞发动机
最大航速	348千米/小时
实用升限	8150米
最大航程	1060千米

■ 作战性能

99式高级教练机是在98式直协侦察机的基础上研制而成，二者机体结构完全相同，主要区别是在后座增设了复式操纵系统，拆除了机头的固定机枪和后座的可旋转机枪等武器装备。从外观上看，教练机取消了机轮整流罩，外表漆由绿色改为橙黄色。

99式高级教练机操纵简单、低速飞行性能突出；发动机安全可靠且便于维修；能够在前线临时机场短距离起降。

▲ 98式直接协同侦察机

■ 知识链接

98式直接协同侦察机，简称为98式直协侦察机或98直协，正式标号ki-36，美军代号为"Ida"。为第二次世界大战时期旧日本陆军使用的侦察机，由立川飞机公司设计制造。其操纵简单、低速时的安定性佳、发动机故障少且容易维修、又可短距离起降，使其得到前线部队的好评。无论侦察、指挥、连络、对地攻击，一直活跃在二战期间，也是日本"神风"特攻队的用机之一。

LOCKHEED D-21
D-21高速无人侦察机（美国）

■ 简要介绍

D-21，代号"袖珍黑鸟"，是美国在20世纪60年代研制的高速高空无人侦察机。它采用了当时价格极为昂贵的钛合金，全部制造和使用成本每架高达550万美金（1970年价格），相当于当时一架A-7舰载机。它采用了大量SR-71"黑鸟"的技术，能够克服三倍声速飞行中的"热障"，并且拥有最早开发的隐身技术。

◀ D-21在空中发射

■ 研制历程

1960年5月1日，U-2事件之后，美国开始探索使用无人驾驶侦察机在极危险空域进行侦察活动的技术。洛克希德公司下属的臭鼬工厂最终接受了研制任务。1962年10月，项目正式启动，编号为Q-12，整个项目为绝密级别。

1963年3月，洛克希德公司被授命设计Q-12的全尺寸模型。最终设计方案于1963年10月确定。1964年12月22日，M-21搭载D-21首飞。1966年7月30日，第4次发射测试中，D-21不正常地向下飞行，将M-21母机撞成两截，后来改用B-52为母机。D-21最终于20世纪60年代末期服役。

■ 作战性能

D-21采用了当时世界领先的冲压发动机，速度高达3560千米/小时，相当于三倍声速水平，升限高达29000米。在20世纪70年代初期，包括美国自身在内，任何一款防空武器理论上都无法击落该机。

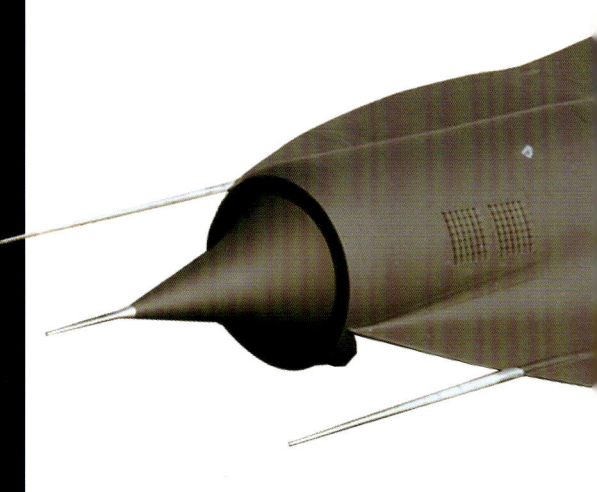

基本参数	
长度	13.06米
翼展	5.8米
高度	2.14米
最大起飞重量	4990千克
动力系统	马夸特RJ43-MA-11冲压喷气发动机
实用升限	29000米
最大航程	5550千米

■ 实战表现

据相关资料显示，D-21仅仅实战出击了四次，就退出了历史舞台。D-21从1969年11月到1971年3月，共进行了四次实战出击，但四次出击全部失败。其中前三次成功拍摄到情报照片，但全部回收失败；而第四次则失控坠落。

▲ D-21高空高速无人机比A-12/SR-71"黑鸟"高空高速侦察机更加神秘

■ 知识链接

1960年5月1日，美国空军飞行员加利·鲍尔斯驾驶着U-2高空侦察机深入苏联腹地进行情报侦察，在斯摩棱斯克附近被萨姆-2防空导弹击落。加利被迫弃机跳伞逃生，结果被苏联国营农场的工人抓获。在莫斯科，加利供认了自己的中央情报局雇员身份。正是这次U-2事件直接催生了D-21高速无人侦察机。

EA-6B PROWLER
EA-6B "徘徊者"电子对抗机（美国）

■ 简要介绍

EA-6B电子对抗机，代号"徘徊者"，是美国的一种舰载电子战飞机，用于航空母舰和前进基地，以完全集成的电子战系统进行作战，该系统综合有远程全天候能力和先进电子对抗措施。其目的是干扰和破坏敌方陆基、舰载和机载指挥控制通信以及与预警、目标捕获、监视、反飞机炮、空地导弹、地地导弹和地空导弹有关的雷达。在这一任务中，它支持在密集雷达控制的环境中的舰载战术和战斗群作战。

■ 研制历程

EA-6B是美国诺斯罗普-格鲁门公司在EA-6A的基础上改进研制的4座舰载电子干扰机。该型的研制合同于1966年秋签订，1968年5月26日原型机首飞，1971年1月开始交付，共生产170架，美国海军和海军陆战队分别装备了119架和20架，1991年7月29日交付完毕。2019年3月8日，EA-6B全部退出现役。

▲ 一架EA-6B正准备由"小鹰"号上起飞

基本参数	
长度	18.24米
翼展	16.15米
高度	4.9米
空重	14320千克
最大起飞重量	29895千克
动力系统	2台普惠J52-P408A涡喷发动机
最大航速	958千米/小时
实用升限	11580米
最大航程	1770千米

■ 作战性能

EA-6B使用吊舱式安装,可使用吊舱混合装置对付特定的威胁,改善了灵活性。飞机最多能载5个吊舱,而典型任务则载3个。由一组发射机对抗不同辐射体频率,发射机覆盖8个特定频段。干扰系统的心脏是CPU,它完成干扰机管理、威胁数据处理和操作员显示生成。系统集成接收机(SIR)组向CPU提供基本威胁数据,然后CPU将该数据与可编程的脉冲重复频率、波长、战斗序列和位置信息加以比较,识别出辐射体。CPU推荐干扰选择方案或自动地作出选择,控制发射波束并检查发射机调谐精度。

▲ 停放在"肯尼迪"号航母飞行甲板上的 S-3A、A-6E 及 EA-6B

■ 知识链接

电子战飞机又称为电子干扰机,是带有电子干扰设备对敌方的雷达和通信设施进行干扰的军用飞机。其任务主要是通过告警、施放电子干扰、对敌地面搜索雷达和制导雷达进行反辐射攻击等方式,掩护己方航空兵部队顺利遂行截击、轰炸等作战任务。按照所执行的任务,电子对抗飞机一般可分为电子侦察机、电子干扰机、反雷达飞机等。

EA-18G GROWLER
EA-18G "咆哮者"电子战机（美国）

■ 简要介绍

EA-18G电子战机，代号"咆哮者"，是美国的一种电子干扰机，也是世界上唯一能够在对敌实施全频段干扰时仍不妨碍电子监听功能的系统。它在美国海军F/A-18E/F"超级大黄蜂"战斗机的基础之上发展研制而成，不仅拥有新一代电子对抗设备，同时还保留了F/A-18E/F全部武器系统和优异的机动性能，先进的设计使其无论在航空母舰的飞行甲板上还是在陆地上都能较好地执行机载电子攻击任务。因此有人说，EA-18G既是当今战斗力最强的电子干扰机，又是电子干扰能力最强的战斗机。

◀ EA-18G 准备从航母上起飞

■ 研制历程

由攻击机A-6发展而来的EA-6B机动性能不佳，几无空战能力，执行任务必须依靠其他战斗机护航。所以，面对未来战场严峻的形势，催生了美国海军对下一代电子攻击机的迫切需求。

2006年5月末，波音公司研制的一架装有翼尖天线和高/低波段干扰吊舱的改装F/A-18F飞机进行了首次飞行。同年8月4日，第一架量产型EA-18G举行了隆重而简短的下线仪式。

2008年7月31日至8月5日，EA-18G原型机在美国海军"艾森豪威尔"号航空母舰上进行了海上测试。2009年年底，该型才正式进入全面批量生产阶段。

2011年7月9日，美国海军第132电子攻击机中队（VAQ-132）的EA-18G完成一次为期8个月的部署。

基本参数	
长度	18.31米
翼展	13.62米
高度	4.88米
空重	15011千克
最大起飞重量	21772千克
动力系统	2台通用F414-GE-400涡扇发动机
最大航速	1915千米/小时
实用升限	15000米
最大航程	1445千米

■ 作战性能

EA-18G拥有十分强大的电磁攻击能力。凭借诺斯罗普-格鲁门公司为其设计的ALQ-218V(2)战术接收机和新型ALQ-99战术电子干扰吊舱，EA-18G可以高效地执行对地空导弹雷达系统的压制任务。与以往拦阻式干扰不同，EA-18G可以通过分析干扰对象的跳频图谱自动追踪其发射频率，并采用"长基线干涉测量法"对辐射源进行更精确的定位以实现"跟踪—瞄准式干扰"。此举大大集中了干扰能量，首度实现了电磁频谱领域的"精确打击"。采用上述技术的EA-18G可以有效干扰160千米外的雷达和其他电子设施，超过了任何现役防空火力的打击范围。

▲ 作为一款名副其实的电子战飞机，EA-18G拥有十分强大的电磁攻击能力

■ 知识链接

在美、英、法等国家联合发起的袭击利比亚的军事行动中，面对利比亚较强大的防空实力，无任何一架联军飞机因利比亚防空火力或空中作战而被击落，这一结果的取得，在很大程度上应该归功于美国海军投入的电子战飞机——EA-18G"咆哮者"。战斗中，"咆哮者"不仅用其携带的电子干扰设备压制了利比亚军队的防空导弹，还成功地攻击了利比亚的坦克部队。

LOCKHEED EC-130
EC-130心理战飞机（美国）

■ 简要介绍

EC-130心理战飞机是美空军用于心理战的专用飞机，隶属于美国空军第193特种作战大队。它是在C-130运输机的基础上，由EC-121电子战飞机的电子设备改造而成。EC-130同时结合了C-130和EC-121的优势，除一流的广播系统外，还装有先进的导航及防护系统。

这些心理战飞机装有高性能的广播发射系统，可以用标准的调幅、调频、高频模式广播，并能采用国际标准信号进行彩色电视节目的播放。

■ 研制历程

EC-130是在美军"大力神"运载飞机C-130的基础上，由洛克希德公司研制。EC-130的改造经历了两代：EC-130ECommandoSolo和EC-130JCommandoSoloⅡ。前者自1978年服役后一直使用，直到2003年才逐渐被改进了的EC-130J替代。根据在实战中EC-130E表现出来的一些不足，后者在前者的基础上有了一些具体的改进。

▲ EC-130 心理战飞机

基本参数（以EC-130E为例）	
长度	30.6米
翼展	40.4米
高度	11.7米
最大起飞重量	70000千克
动力系统	4台T56-A-15涡桨发动机
巡航速度	478千米/小时
实用升限	6700米

■ 作战性能

美军惯常远离本土作战，这对飞机的性能提出了更高的要求。EC-130性能优良，尤其是改进后的EC-130J，在第一代的基础上具有了更大的巡航半径和飞行高度，很好地适应了心理作战任务的要求。为了适应特殊作战任务的要求，EC-130在C-130的基础上加装了很多先进的电子设备。总体而言，可分为这样三个系统：导航系统、防护系统和广播电视发射系统。其中的广播电视发射系统是执行心理作战任务的最主要系统，是整个飞机实现作战目的的核心所在。EC-130系列飞机的发射能力一直在不断改进，以求在作战中可以实施更大范围的信息控制和更好质量的信号传输。

▲ EC-130 机组成员通常由 4 名军官和 7 名士兵组成，必要时可增加至 19 人。机组成员按具体任务的不同，可分为驾驶人员和任务人员

■ 知识链接

2002年12月，在没有惊动任何媒体的情况下，一场针对伊拉克的心理战先行打响。众多的传单被抛撒在伊拉克境内，告诉民众该去收听什么频道。而真正负责广播的，则是EC-130飞机。作为一个信息传播平台，EC-130专门负责对伊拉克民众每天5小时的广播。为了吸引听众，在最初的节目中，甚至还包含了阿拉伯和美国的流行音乐。EC-130飞机也根据战争的进程来不断调整广播的内容。

EF-111A RAVEN
EF-111A电子对抗机（美国）

■ 简要介绍

EF-111A是美国的一种电子对抗机，用以替代干扰能力低的EB-66电子战飞机，能进行远距离干扰，在敌方地面炮火射程以外建立电子屏障，掩护自己的攻击力量；也能突防护航干扰，伴随攻击机沿航路连续干扰敌炮瞄准雷达与导弹制导雷达；还能掩护近距离支援攻击机。

◀ 正在给EF-111A加装电子设备。EF-111A的乘员为一名驾驶员和一名电子对抗操作员

■ 研制历程

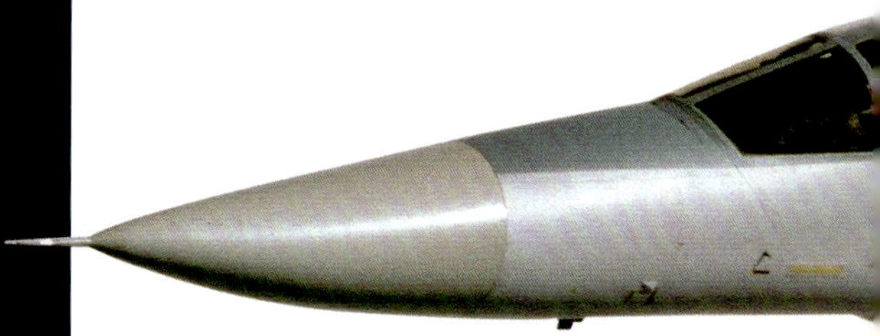

1972年，老旧的道格拉斯EB-66"毁灭者"电子战飞机从欧洲撤离后，美国驻欧空军没有了电子战飞机。于是通用动力公司与格鲁门公司携手根据美国空军的急迫需求进行EF-111A的研制。

EF-111A于1975年1月开始研制，1977年3月气动力原型机开始试飞，同年5月带全套干扰系统的第二架原型机试飞，1981年11月EF-111A开始交付使用。

▲ EF-111A 电子对抗机

基本参数

长度	23.16米
翼展	19.2米
高度	6.1米
空重	25000千克
最大起飞重量	40350千克
动力系统	2台TF30-P-3涡扇发动机
最大航速	2140千米/小时
实用升限	16670米
最大航程	3706千米

■ 作战性能

EF-111A的主要机械设备有战术干扰系统、特高频指令仪、自卫系统、终端威胁警告系统、敌我识别器、攻击雷达、地形跟踪雷达、雷达高度表、惯性导航系统、特高频定向器、仪表着陆系统、高频通信电台等。但是EF-111A自身不带武器,通常与携带反辐射导弹的F-4G"野鼬鼠"电子战飞机或其他作战飞机协同作战。

▲ EF-111A 电子对抗机

■ 知识链接

EF-111A的乘员为一名驾驶员和一名电子对抗操作员,可执行以下三类任务:一是执行远距离干扰任务;二是执行突防护航任务时,同攻击机一起突入敌人防线,连续沿飞行路线实施干扰,使敌防空系统发生混乱、延迟或丧失能力,以保护己方的攻击力量;三是执行近距离支援任务时,近距离干扰敌方的雷达和防空导弹制导系统,使之陷于瘫痪。

F-4G

F-4G "野鼬鼠"电子战飞机（美国）

■ 简要介绍

F-4G，代号"野鼬鼠"，是美国空军的电子战飞机，专门用于发现、识别敌方地面防空雷达和地空导弹阵地，并用反辐射导弹进行攻击。F-4G经常使用的导弹是AGM-88高速反辐射导弹。由于该导弹射程较远，使得该机具有从防空火力圈外作战的能力。为了对付敌方最先进的雷达、高炮和地空导弹，F-4G还可在30米的超低空作战，能有效地完成打击对方雷达和防空导弹的任务。

■ 研制历程

F-4G由F-4E型机改装而成。1970年左右开始研制，1975年12月6日首次试飞，随即装备部队使用，至1978年完全取代了F-105G型机。20世纪70年代中期以来，特别是随着苏联在东欧部署的防空系统日益增多，F-4G的改进被列为空军最优先的任务之一。1991年，美国空军放弃专用的F-4G防空压制飞机的后继型号，转向使现有飞机都具有有人驾驶防空压制能力。

基本参数	
长度	19.2米
翼展	11.77米
最大起飞重量	28030千克
动力系统	2台J79-GE-17涡喷发动机
最大航速	2450千米/小时
实用升限	16580米
最大航程	3184千米

▶ F-4G是航母编队的主要电子打击力量

▶ 即将在航母上起飞的F-4G

■ 作战性能

F-4G除了具有一般的电子干扰设备之外,还有定向天线、计算机控制的接收装置、信号活动监视设备和地空导弹发射告警装置。其主要特点是:①对敌防空雷达具有软硬杀伤双重能力,既能干扰又能对其实施硬摧毁。②速度快、航程大。③载弹种类多,武器先进。既带反辐射导弹,又带空空导弹。④通常单独执行任务。⑤中、低空飞行受到高炮火力的威力比较大。

▲ F-4G 的任务是摧毁和压制敌方的防空系统,并配合攻击飞机打击敌方目标。其经常使用的导弹是 AGM-88 高速反辐射导弹,简称"哈姆"导弹。由于其射程较远,使 F-4G 飞机具有从防空火力圈外作战的能力

■ 知识链接

在海湾战争中,美国出动F-4G对伊拉克防空雷达实施打击,使伊方雷达不敢长时间开机。伊军对其十分忌惮,只要侦测到F-4G,伊军雷达就被迫关闭。在整个战争期间,美军只损失了1架F-4G。

NORTH AMERICAN X-15
X-15高超声速验证机（美国）

■ 简要介绍

X-15高超声速验证机是是世界上迄今为止速度最快、飞的最高的有人驾驶飞机，在20世纪60年代，它曾到达外层空间的边缘，返回后得到的有价值的数据，对航天器的设计有很大帮助。

◀ X-15高超声速验证机在空中飞行

■ 研制历程

1954年，美国国家航空咨询委员会为了加快吸气式发动机技术研究，牵头实施了一项高超声速研究发动机计划，旨在验证冲压发动机在飞行速度为4900千米/小时~9800千米/小时的推力性能以及高空高速条件下的各种效果。

在近十年的时间里，X-15高超声速验证机先后创造了8233千米/小时的速度与108000米升限的世界纪录，它的试验飞行几乎涉及高超声速研究的所有领域，并为美国后来水星、双子星、阿波罗太空飞行计划和航天飞机的发展提供了极其珍贵的试验数据。

▲ X-15高超声速验证机

基本参数	
长度	15.24米
翼展	6.7米
高度	4.17米
空重	5863千克
翼面积	18.58平方米
起飞重量	15300千克
最大速度	8233千米/小时
实用升限	108000米

■ 作战性能

X-15高超声速验证机的机翼采用中单翼设计，最初装备2台XLR-11火箭发动机，后来改为XLR-99。X-15高超声速验证机的机身表面覆盖着一层称作Inconel X的镍铬铁合金，可抵御高速飞行时产生的1200℃高温。由于火箭发动机燃料消耗量惊人，所以X-15高超声速验证机必须由一架B-52载机带入空中。从载机上释放后，X-15高超声速验证机自身携带的燃料只能飞行80~120秒，因此余下来的10分钟左右只能是无动力滑翔。降落时，X-15高超声速验证机的机身前部下方安装有常规机轮，机身后部则为两个着陆滑橇。

▲ B-52机翼挂载X-15

▲ 1967年10月，威廉·J.奈特少校驾驶X-15A-2达到了8233千米/小时的超高速，创造了载人飞机史上最快的速度纪录，这一纪录一直保持到现在

■ 知识链接

X-15高超声速验证机之所以速度快，归功于机翼下增加了两个副油箱，一个装液氧，另一个装氨，从而延长了火箭发动机的燃烧时间。但由于增加了重量，这也限制了达到更快的速度。X-15高超声速验证机总费用大致相当于现在的15亿美元左右。总体来说试验非常成功，它的试验让美国航空工业多年来一直保持领先地位。

RQ-3 DARKSTAR
RQ-3 "暗星"无人机（美国）

■ 简要介绍

RQ-3，代号"暗星"，是美国20世纪90年代的一种全新概念无人机，主要用于实时侦察和监视。具有自主起飞、自动巡航、自动脱离和自动着陆的能力，而且可在飞行中改变自己的飞行程序，以执行新的任务。其特点是隐形、生存能力强，活动范围和续航时间都比"全球鹰"更大更长。两者的区别在于"全球鹰"主要任务是担负低威胁度或中等威胁度地区上空的侦察任务，而"暗星"主要用来执行高威胁度地区上空的侦察任务。

■ 研制历程

1993年5月，美国国防部公布了无人驾驶飞机（UAV）总体规划。其中的一部分就是发展一种全面、综合、有效的无人驾驶侦察机，使之成为空中平台，以满足21世纪作战的需要。由美国国防部局统研究计划局（ARP）负责制订项目计划。

1994年6月20日，该计划的论证工作完成。最终，研制工作的主要任务被洛克希德和波音公司两家主承包商所平分。波音飞机公司负责机翼或自动控制系统（包括航空电子和探测设备）的研制和试验。洛克希德公司负责制造机身和机载系统，完成全机总装、综合调试和系统试验。原型机1996年首飞。

基本参数	
长度	4.5米
翼展	21米
动力系统	FJ44型涡扇发动机
最大航速	463千米/小时
实用升限	14000米

■ 作战性能

RQ-3的外形非常奇特，机翼硕大，机身扁平，采用了无尾式翼身融合体设计，像是飞翼和飞碟设计的混合体。采用这种奇特的外形设计，主要是兼顾隐身能力和飞行性能，尽量减小飞机的雷达反射截面积。为了提高其隐身性能，除了在外形上采取措施外，还采用了大量的先进材料和制造工艺，它的全复合材料、全胶接的大展弦比机翼，就是采用B-2隐身轰炸机和F-22先进战斗机的制造技术生产的；机体下部涂有黑色涂料也是从隐身能力方面考虑的，上部涂成白色是为了增加阳光辐射，减少吸热。

▶ RQ-3"暗星"的作战半径为926千米，能够续航8小时

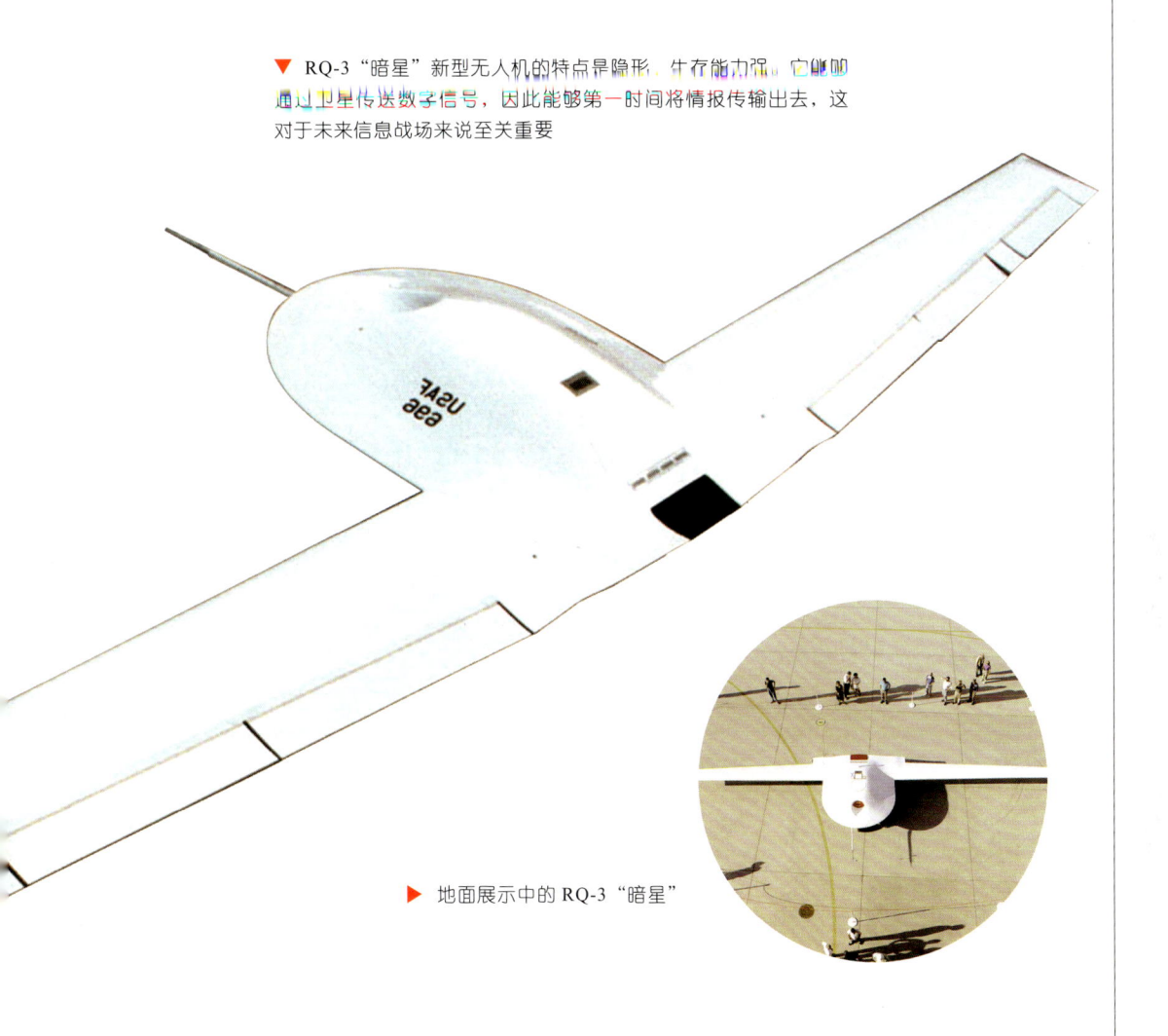

▼ RQ-3"暗星"新型无人机的特点是隐形、生存能力强。它能够通过卫星传送数字信号，因此能够第一时间将情报传输出去，这对于未来信息战场来说至关重要

▶ 地面展示中的RQ-3"暗星"

■ 逸闻趣事

RQ-3无人侦察机的官方服役时间非常短暂，仅在首飞之后的3年就出现了碰撞事件，并被列入服役取消计划之中。但2003年《每周航空》杂志报道称，与RQ-3十分相似的一种无人侦察飞机神秘出现在伊拉克境内，当时人们猜测这可能是美国政府再次启动这种曾取消飞行的无人侦察机，并对它的军事部署和行动进行保密。由于这种无人侦察机的外形非常特殊，在服役期中很少"露脸"，鉴于美军的某些特殊秘密级军事行动，人们可能会在空中看到该神秘飞行器的身影，很容易将它误认为是来自外星球的UFO。

■ 知识链接

无人驾驶飞机简称"无人机"，是利用无线电遥控设备和自备的程序控制装置操纵的不载人飞机，或者由车载计算机完全地或间歇地自主地操作。从技术角度定义可以分为：无人固定翼飞机、无人垂直起降飞机、无人飞艇、无人直升机、无人多旋翼飞行器、无人伞翼机等。与载人飞机相比，它具有体积小、造价低、使用方便、对作战环境要求低、战场生存能力较强等优点。

RQ-4A GLOBAL HAWK
RQ-4A "全球鹰"无人侦察机（美国）

■ 简要介绍

RQ-4A，代号"全球鹰"，是服务于美国空军的一种无人侦察机，也是世界上飞行时间最长、飞行距离最远、高度最高的无人侦察机。它能从美国本土起飞到达全球任何地点进行侦察。它甚至能在将近两万米的高度穿透云雨、沙尘暴等障碍，连续监视运动目标，准确识别地面各种飞机、导弹和车辆的类型，故有"大气层内侦察卫星"之称。2001年4月22日，一架"全球鹰"从美国起飞，经过22.5小时的飞行，降落在澳大利亚，总航程12000千米，成为世界上第一架成功飞越太平洋的无人机。

■ 研制历程

RQ-4A是由诺斯罗普-格鲁门公司研制的。1998年2月，"全球鹰"首飞，在ACTD计划执行期内完成了58个起降，共719.4小时飞行。

2000年6月，美军在作战能力评估中正式确定"全球鹰"具备了全部作战能力。同时，一个完整的"全球鹰"系统部署到了美国爱德华兹空军基地。

2003年8月，美国联邦航空管理局向美空军颁发了国家授权证书，允许美空军的"全球鹰"无人机系统在国内领空实施飞行任务。

◀ "全球鹰"可同时携带光电、红外传感系统和合成孔径雷达

基本参数	
长度	13.5米
翼展	35.4米
高度	4.6米
空重	3850千克
最大起飞重量	10400千克
动力系统	AE3007H涡扇发动机
最大航速	650千米/小时
实用升限	20000米

■ 作战性能

"全球鹰"无人侦察机可携带光电、红外传感器系统以及合成孔径雷达等多种传感器。在一次任务飞行中,既可进行大范围的雷达搜索,又可提供7.4万平方千米范围内的目标光电/红外图像。在将近两万米的高空,合成孔径雷达获取的条幅式侦察照片精度达到1米。对以20千米/小时~200千米/小时速度行驶的地面移动目标,可精确到7米。

"全球鹰"无人侦察机的先进之处在于,它能与现有的"联合可部署智能支援系统"(JDISS)和"全球指挥控制系统"(GCCS)联结,图像能直接而实时地传送给指挥官使用,用于指示目标、预警、快速攻击、战斗评估与再攻击。它还可以适应陆、海、空军不同的通信控制系统,既可进行卫星通信,又可进行视距数据传输通信。

▲ "全球鹰"可以逗留在某个目标的上空长达42个小时,以便连续不断地进行监视

■ 知识链接

2001年11月,美军首次将"全球鹰"投入对阿富汗的军事打击行动中。在阿富汗战争中,"全球鹰"无人机执行了50次作战任务,累计飞行1000小时,提供了15000多张敌军目标情报、监视和侦察图像,还为低空飞行的"捕食者"无人机指示目标。其高空长航时的性能对于作战而言至关重要,它的使用非常成功。

DESCRIPTION RQ-7
RQ-7"影子"战术无人机（美国）

■ 简要介绍

　　RQ-7，代号"影子"，是美国的一种小型、轻量级战术无人驾驶飞行器系统。其设计目标就是为地面指挥员提供侦察手段，功能有战场监控、目标定位和战斗损失评估。全套系统包括飞机、任务载荷模块、地面控制站、发射与回收设备和通信设备。满负荷系统可连续执行任务72小时。在作战时，"影子"战术无人驾驶飞行器系统需要四辆多功能轮式装甲车运输，其中两辆装载零部件，另外两辆作为装甲运兵车搭载操作人员。

◀ RQ-7可以在简易的机场跑道上起降

■ 研制历程

　　2004年，美国陆军向联合工业公司AAI分公司订购了33套RQ-7无人机，总计9700万美元。到2005年12月，33套RQ-7无人机陆续全部交付。

　　2005年，美国陆军成功完成了RQ-7无人机的初步任务测试与评估。测试任务由陆军第4师实施。第4师1旅在5月初进行了为期两周的测试，初步任务测试与评估严格强调在模拟战场情况下士兵与设备这两个要素。在测试中，RQ-7飞行了53个架次，总飞行时间225小时，每天平均对一个目标的监控时间为17小时。

　　2006年8月，美国陆军航空兵和导弹指挥部授予美国工业公司的子公司AAI一份价值达1170万美元的合同，要求该公司为美国军方前线RQ-7B"影子"200战术无人飞机，集成一个新型高级战术通用数据链路设备，并负责其演示工作。

基本参数	
长度	3.4米
翼展	4.3米
高度	1米
空重	84千克
最大航速	204千米/小时
使用范围	109千米

■ 作战性能

RQ-7无人机的战术通用数据链路具有高实时连通性，支持在多种类的有人或无人智能系统、侦察系统和监视系统间进行互操作，有利于全面地收集情报信息，极大地提高部队的态势感知能力，使部队指挥官能根据当前局势，制定出更准确、更快速的军事行动方案。

▶ 美军地勤人员正在维护RQ-7

▲ RQ-7由发射装置发射

■ 知识链接

2005年8月，RQ-7无人机积累作战飞行超过50000小时，其中近80%是在伊拉克执行作战任务。50000飞行小时里程碑是8月9日美国陆军部队在伊拉克执行一次支援地面飞行任务时达到的，但没有公布此次飞行任务细节。美陆军地面机动计划无人机主管基思·赫希曼上校在一份AAI公司声明中说，对战地指挥员来说，RQ-7无人机是"关乎生死存亡的工具"。

RQ-11A RAVEN
RQ-11A "大乌鸦"无人机（美国）

■ 简要介绍

RQ-11A，代号"大乌鸦"，是美国的一种手抛式发射的高置机翼单翼布局飞行器。既能在视距范围从地面站进行遥控，也能使用GPS导航自动飞行。它是"指针"无人机的缩小型，供排级部队使用，用于战地侦察，也能用于护航任务。士兵直接用手投掷起飞，每套系统包括1个地面控制中心和3架无人机，改进机型为RQ-11B。它还被美国海军陆战队看中，作为航空环境公司的"龙眼"机队的替代品。

■ 研制历程

RQ-11是美国加利福尼亚州航宇环境公司生产的用手发射的小型无人机，2003年首次飞行，随后进入美国特种作战部队司令部服役。

2004年美国陆军将RQ-11作为标准的短距离无人机系统使用，到2007年年中共有2469架RQ-11在使用。2007年1月，美国陆军宣布将使用中的RQ-11B作为其"未来战斗系统"Ⅱ级无人机。

▲ 一名士兵在伊拉克准备发射"大乌鸦"

基本参数	
长度	0.9米
翼展	1.4米
空重	1.90千克
动力系统	Aveox27/26/7简易电动马达
最大航速	96千米/小时
最大航程	10千米

■ 作战性能

RQ-11机体由凯芙拉材料制造，在设计上考虑了抗坠毁性能，不易发生解体；这比由聚苯乙烯泡沫塑料制成的上一代"大乌鸦"无人机机体结构更加坚固。其静音性能良好，在91.44米高度以上飞行时几乎听不到电动马达的声音；它体积小，因此很少受到敌方炮火的攻击；最大的优势在于传送信息时并不暴露接收信息的士兵。

▶ 飞行中的"大乌鸦"

▲ "大乌鸦"飞行控制模块

■ 知识链接

操作使用RQ-11B"大乌鸦"无人机的士兵必须完成一个为期10天共80小时的理论与作战指令课程。该无人机的续航时间在0.5~1小时，能在离地100~500英尺（30.5~152米）的高度飞行。其能根据预先确定的航线按指令飞行，控制器是一种手持、类似大号视频游戏的手柄，控制器有一块可以显示实时视频及其周围信息的显示屏。

RQ-170 SENTINEL
RQ-170 "哨兵"无人侦察机（美国）

■ 简要介绍

RQ-170，代号"哨兵"，是美国的一种主要用于对特定目标进行侦察和监视的隐形无人机，也是第一种被证实承认的采用隐身设计的无人机。它能够实时获取战场图像，并通过视线通信数据链将数据传输至地面控制站。据国外媒体报道，该无人机的隐身能力使其能够在伊朗、印度和巴基斯坦国界飞行，进行导弹试验、遥感勘测、多谱情报的实时采集。

■ 研制历程

2001年EP-3E侦察机在中美撞机事件之后在中国迫降，致使美国国防部下决心研发一种隐形无人机。RQ-170正是在这种背景下诞生的，它由洛克希德-马丁著名的臭鼬工厂秘密设计。

2009年12月4日，美国空军首次证实了RQ-170的存在。在"持久自由"行动中，RQ-170被部署在阿富汗境内。由于2007年年底在阿富汗南部坎大哈国际机场露面，它便又获得了"坎大哈野兽"的外号。

基本参数	
长度	4.5米
翼展	20米
高度	2米
最大起飞重量	3856千克
实用升限	15240米

▲ 伊朗缴获RQ-170后，逆向仿制了一架，这是仿制品的正面图

■ 作战性能

虽然RQ-170的"RQ"表示这是一架侦察无人机,但是翼身融合布局的飞翼结构内部空间很大。动力装置为涡喷或涡扇发动机,采用轮式起降方式,并采用了与X-7B类似的A-6、F-14战机的主起落架,机身采用中度灰色涂装,适合中空飞行。机体表面涂有美军开发的特殊材料,以免被对方的雷达发现。

■ 实战表现

2007年,RQ-170在阿富汗坎大哈首次亮相。它隶属美国空军空中作战司令部第432联队,长期由内华达州托诺帕试验场的第30侦察中队负责操作。根据美国联邦信息法公开文件显示,"哨兵"服役期间不仅参与对朝鲜、伊朗等国核设施侦察的战略级"国家收集任务",还在2012年参加了B-2隐形轰炸机使用钻地弹攻击地下深层目标后的毁伤评估任务。

▲ RQ-170自问世以来,就一直很神秘,关于它的清晰的照片流传很少

■ 知识链接

2011年12月4日,伊朗在其境内缴获了一架正在执行任务的美军RQ-170无人侦察机。而美国方面则称,该机并未入侵伊朗领空,而是在阿富汗西部执行侦察任务时因"故障"失控,飞入伊朗境内后坠落。对此,伊朗又在12月14日公开俘虏RQ-170的方法时表示,他们使用GPS干扰技术,使RQ-170错误判断坐标并降落伊朗国土。

DASSAULT RAFALE
MQ-1 "捕食者"无人机（美国）

■ 简要介绍

MQ-1，代号"捕食者"，是美国空军的一种"中海拔、长时程"无人机。它可以扮演侦察角色，也可发射两枚AGM-114"地狱火"导弹。该机装有光电、红外侦察设备、GPS导航设备和具有全天候侦察能力的合成孔径雷达，对目标定位精度高达0.25米。它可采用软式着陆或降落伞紧急回收。

▲ MQ-1 的操作舱

■ 研制历程

MQ-1无人机，是作为"高级概念技术验证"而从1994年1月到1996年6月发展起来的。研制者是通用原子公司。MQ-1首飞于1994年，并于当年具备了实战能力。

2002年3月，美空军正式组建了第一个武装型"捕食者"无人机中队。同年6月，美国空军正式将携带"地狱火"的RQ-1B命名为MQ-1B。M表示多用途，反映了"捕食者"从侦察无人机发展为多任务型无人机。

2011年3月8日，美国空军接收了订购的MQ-1无人机中最后一架，至此，美国空军共装备有196架MQ-1无人机。

▲ 2018年3月9日，美国克里奇空军基地最后一架执行任务的MQ-1无人机完成任务后降落，这是MQ-1无人机最后一次执行任务

基本参数	
长度	8.22米
翼展	14.8米
高度	2.10米
空重	512千克
最大起飞重量	1020千克
动力系统	Rotax914F涡轮增压四缸发动机
最大航速	217千米/小时
实用升限	7620米
最大航程	3704千米

■ 作战性能

MQ-1B无人机装备有两枚AGM-114"地狱火"导弹，还装载雷神公司的多频谱瞄准系统，采用一个增强型热成像器、高分辨率彩色电视摄像机、激光照射器和激光测距器。此外还装有TalonRadiance超频谱成像器，可穿透树叶探测隐蔽的地面目标。同时装有信号情报装置。

■ 实战表现

2002年，"捕食者"无人机参与了阿富汗的作战行动，据说一架"捕食者"发现了奥萨马的汽车，但由于地面指挥官决策的拖延，丢失了目标。一个月后，一架"捕食者"成功发回了本·拉登手下一名高级军官藏身地点的实时视频信号，随后多架F-15E轰炸了该地区，杀死了该名军官。2001年10月，"捕食者"首次在实战中发射导弹摧毁了一辆塔利班坦克。

▲ MQ-1挂载的"地狱火"导弹

■ 知识链接

三类人在推动"捕食者"无人机拥有完成多任务能力的过程中发挥着重要作用。第一类人包括美国几任空军参谋长，其中约翰·P.乍朋将军做出的贡献最大。第二类人来自不为人所知的但具有重大影响力的五角大楼办公室，该办公室被总参谋长称为情报、监视、侦察的A2/A2U办公室。第三类人来自空军物资司令部的"大远征"规划办公室，这个办公室负责管理空军众多特殊用途飞机的发展。

IAI RQ-5 HUNTER
RQ-5 "猎人"无人机（美国）

■ 简要介绍

RQ-5，代号"猎人"，是美国的一种多用途无人机，其主要任务是收集实时图像情报、侦察和监视、为炮兵指示目标、评估战场损失等。1999年以来，"猎人"被部署在马其顿，以及支持北约在科索沃的行动。"扩展猎人"是"猎人"的大型化，具有更强的续航能力和更高的飞行高度。该无人机能昼夜飞行，不受气象条件限制。

■ 研制历程

RQ-5多用途无人机最初是RQ-5无人侦察机。1989年，美国陆军、海军和海军陆战队联合开展一项无人驾驶航空器的计划。1993年，美国汤姆森·伍尔德里奇公司（TRW）和以色列航空工业公司（IAI）获得了小批量试生产7架RQ-5系统的合同，1996年交付使用。1996年RQ-5计划被取消，后又恢复。恢复后的无人机已从单纯侦察机发展为多用途军用机。

▲ RQ-5"猎人"无人机地面接收站

基本参数	
长度	7.53米
翼展	16.6米
高度	2.286米
最大起飞重量	954千克
最大航速	203.5千米/小时
实用升限	6096米
最大航程	125千米

作战性能

RQ-5"猎人"最主要的设备是多功能光电设备,由IAI开发,该设备包括电视和前视红外,因此具有昼夜侦察能力。马其顿维和任务中所使用的美国陆军"猎人"装备了第三代前视红外和为白昼电视摄像机配备的弹着观察器。"猎人"还装备了激光指向器和多种通信系统,其电子对抗设备包括通信告警接收机、通信干扰和雷达干扰机。

▶ RQ-5"猎人"无人机准备起飞

▲ RQ-5"猎人"无人机机载雷达

知识链接

2007年9月1日,美国陆军进行侦察发现,在伊拉克首府巴格达西北部290千米处有两个人埋设路边炸弹,随后立即呼唤了一架正在附近的"猎人"无人机。该机向目标投射了一枚激光制导炸弹,炸死了这两个埋设路边炸弹的恐怖分子。

MQ-8 FIRE SCOUT SIDE
MQ-8 "火力侦察兵" 无人直升机（美国）

■ 简要介绍

MQ-8，代号"火力侦察兵"，是美国的一种垂直起降无人机，有海军型和陆军型两个型号，海军型编号为MQ-8A，陆军型编号为MQ-8B。MQ-8A旋翼用3个桨叶，而MQ-8B旋翼用4个桨叶。此外，两者的传感器和航空电子设备也有明显区别。MQ-8B已被美国陆军选作"未来作战系统"的一个组成部分，将成为旅级部队装备的战术无人机。

■ 研制历程

1998年11月，美国海军向国防部联合需求评审会提交了发展舰载垂直起降战术无人机的作战需求文件。

1999年8月，美国海军开始招标。2000年2月9日，美国海军宣布诺斯罗普-格鲁门公司"火力侦察兵"方案获胜，军方编号开始为RQ-8A。

后来，美军在RQ-8A的基础上，发展出了功能更为强大的RQ-8B。2003年，RQ-8B被陆军选中，作为其"未来作战系统"的旅级无人机使用。2005年夏，美军又将RQ-8B调整为MQ-8B。

2005年7月，MQ-8B分别以74千米/小时和96千米/小时的飞行速度，成功地试射了两枚Mk66型70毫米无制导火箭。这是无人旋翼机首次自主完成实装发射，标志着"火力侦察兵"无人机在武器化进程中迈出了重要一步。

◀ 美国海军的MQ-8"火力侦察兵"无人机

基本参数	
长度	7米
旋翼直径	8.4米
高度	2.9米
空重	1430千克
续航时间	8小时
最大航速	201千米/小时
实用升限	6100米

▶ "火力侦察兵"提供侦察、态势感知、精确定位的支持

■ 作战性能

"火力侦察兵"由有人直升机摇身一变成了无人直升机。改装充分利用成熟的直升机技术和零部件，仅对机身和燃油箱作一些改进，而机载通信系统和电子设备又采用了诺斯罗普-格鲁门公司自家的"全球鹰"无人机所使用的系统，这样做显然有利于节省成本和缩短研制周期。采用了"全球鹰"系统，侦察能力强了，可它也变成了一种相当高价的侦察平台。

MQ-8B是基于Schweitzer四桨叶民用直升机改型而成，与三桨叶MQ-8A型无人机相比，续航及载荷能力都有更大的提高，加装了光电/红外传感器、合成孔径雷达以及激光测距仪，可以携载"地狱火"导弹、70毫米Hydra火箭弹等。

■ 知识链接

"火力侦察兵"无人机携带的"地狱火"导弹，编号为AGM-114，是由美国洛克威尔国际公司为美军研制的反坦克导弹。这是一种能从海陆空中发射的、攻击海上或陆地上带有装甲机动目标的导弹，有多种改进型号在役，具有发射距离远、精度高、威力大等优势，采用激光制导，抗干扰能力强，不需目标照射保障。

MQ-9 REAPER
MQ-9 "死神"无人机（美国）

■ 简要介绍

MQ-9，代号"死神"，是美国的一种极具杀伤力的新型无人作战飞机，可以执行情报、监视与侦察任务。"死神"无人机装备电子光学设备、红外系统、微光电视和合成孔径雷达，具备很强的ISR能力和对地面目标攻击能力，并能在作战区域停留数小时，更加持久地执行任务。而且"死神"无人机可为空中作战中心和地面部队收集、传输动态图像，帮助地面部队选用合适的装备进行作战，还可根据实际需要随时开火。

■ 研制历程

1994年1月，美国通用原子航空系统公司获得了美国空军关于执行TierII无人机的合同，即中高度远程"捕食者"计划。直到2002年12月23日，通用公司才正式收到美空军总额1570万美元合同，制造2架"捕食者B"。

2003年5月，美军计划开始投产"捕食者B"。2004年4月，"捕食者B"首次投放227千克的GBU-12"宝石路Ⅱ"激光制导炸弹，成功摧毁地面固定目标。2006年，美空军最终正式决定将"捕食者B"无人机命名为"死神"。2007年3月，美军组建了"死神"无人机攻击中队。

◀ 与MQ-1相比，MQ-9的飞行速度更快，载弹量也更大

▲ MQ-9"死神"无人机

基本参数	
长度	11米
翼展	20米
高度	3.8米
空重	2223千克
最大起飞重量	4760千克
动力系统	TP331-10T涡桨发动机
最大航速	482千米/小时
实用升限	15000米

▼ 满挂导弹的MQ-9"死神"无人机

▲ MQ-9"死神"无人机机载雷达

■ 作战性能

MQ-9"死神"有6个武器挂架，可携带多达14枚的AGM-114"地狱火"空地反坦克导弹，或同时携带4枚"地狱火"导弹及2枚227千克GBU-12PavewayⅡ激光制导炸弹。除此之外，未来还将具备装载联合直接攻击弹药以及AIM-9"响尾蛇"导弹的能力。

■ 知识链接

2007年9月27日，美空军首架"死神"无人机被派往阿富汗执行作战任务。自2007年5月投入服役以来，"死神"无人机已在包括阿富汗、伊拉克、也门等全球各大热点地区执行过数千次"定点清除"行动。

NORTHROP GRUMMAN X-47B
X-47B无人机（美国）

■ 简要介绍

X-47B是美国生产的一种无人机，它是人类历史上第一架无须人工干预、完全由电脑操纵的"无尾翼、喷气式无人驾驶飞机"，也是第一架能够从航空母舰上起飞并自行回落的隐形轰炸机。迄今为止，所谓的无人机均无法完全脱离地面人员的控制。X-47B却可以利用计算机系统处理起飞、降落乃至空中加油等各项指令，亦可在无人干预的情况下自动执行预编程任务，它的问世标志着无人驾驶飞行器领域的革命性突破。

■ 研制历程

2002年7月，诺斯罗普-格鲁门公司研制的X-47A无人机在加利福尼亚州中国湖海军空战中心完成了首次低速滑行试验。

X-47B无人机项目2007年启动。2008年3月3日，美国海军无人作战系统验证机X-47B的结构制造工作已经完成，开始安装系统和进行校验试验。

2011年2月4日，X-47B在美国加利福尼亚州爱德华兹空军基地首飞成功。2013年5月14日，X-47B无人机首次从"乔治·布什"号航空母舰上弹射起飞并获得成功。

基本参数	
长度	11.63米
翼展	18.92米
高度	3.1米
空重	6350千克
最大起飞重量	20215千克
动力系统	普惠F100-220U涡扇发动机
实用升限	12190米
最大航程	3889千米

■ 作战性能

X-47B飞行性能较高，作战半径长，可以在航母上自动起降，并有自主空中加油能力，还有卓越的隐身性能。同美军各类现役战机相比，X-47B滞空时间更长，其1482千米的作战半径，既可以使航母战斗群处于更安全的位置，也可以更深入内陆执行打击任务。另外，X-47B最大的优势在于隐身突防，它拥有非常优异的雷达和红外低可探测性，保证其能够突破敌方防空圈，为后续有人驾驶作战飞机打开通路。

▶ X-47B在"乔治·布什"号航母上着舰

▲ X-47B是无尾翼机，对所有波段雷达波的隐身性能都极高。因为没有尾翼，可以在着陆时采用大迎角（便于减速），而且不会影响视野

▲ X-47B有2个内置弹舱，可携带最多2000千克的弹药，其载弹量要远远超过现有无人机

■ 知识链接

2015年5月22日，美国海军宣布，X-47B型无人驾驶舰载机当天成功完成自主空中加油，成为全球首架实现空中加油的无人机。军方和X-47B无人机的制造商诺斯罗普-格鲁门公司说，这架X-47B无人机在空中与一架K-707加油机配合，空中加油1800千克。空中加油测试中，X-47B与加油机互相交换信息，继而自主完成一系列动作，把受油管伸入加油机的加油软管并完成加油，然后自主脱离，返回基地。

SCANEAGLE
"扫描鹰"无人侦察机（美国）

■ 简要介绍

"扫描鹰"无人侦察机诞生于美国，全系统包括两架无人机、一个地面或舰上控制工作站、通信系统、弹射起飞装置、空中阻拦钩回收装置和运输贮藏箱。它十分小巧，续航能力强，能在目标区上空盘旋15小时以上。它可以将机翼折叠后放入贮藏箱，从而降低了运输的难度，提高战术部署能力。机头装备一台光电或红外摄像机，具有全景、倾角和放大功能，能准确跟踪和拍摄目标，甚至能看清敌方士兵的面部表情和他们咖啡杯上冒出的热气。

■ 研制历程

"扫描鹰"无人机是由华盛顿州宾根的一家小公司英西图建造的，属于位于路易斯安那州的波音综合国防系统公司，这两家公司已经与海军和海军陆战队签署一份情报、监视与侦察服务合同。"扫描鹰"无人机就是根据这个合同进行部署的。

波音公司作为主要承包商，与英西图公司及两家其他未透露名字的工业合作商，部署了"扫描鹰"无人机，以及相关的地面设备和承包商小组人员，为海军和海军陆战队操作这种无人航空系统。英西图公司向波音公司提供了"扫描鹰"无人机和相关人员。

基本参数	
长度	1.22米
翼展	3.05米
空重	15千克
最大航速	130千米/小时
实用升限	4900米

▲ "扫描鹰"无人侦察机可以在舰艇上发射升空

■ **作战性能**

"扫描鹰"无人机携带性能稳定的光电和红外摄像机,安装在万向架上的摄像机,使操作员能够很容易地跟踪静止和运动目标。在4800米以上高度飞行的能力和在战场上空超过20小时的滞空时间,使这种平台能够进行持续的低高度侦察。美国陆海空军都广泛装备了该型飞机,用于战场监视和侦察任务。

▲ "扫描鹰"无人侦察机地面操作台

▲ "扫描鹰"无人侦察机也可以在陆地上发射升空

■ **知识链接**

2012年12月4日,伊朗革命卫队称在波斯湾水域上空"俘获"一架侵入伊朗领空的美国"扫描鹰"无人机。这是伊朗第二次捕获美国的无人机。美联社报道称,这架无人机有可能是以前伊朗方面截获的,但当时没有透露,直到现在才宣布这个消息,并表示过去几年美军的确有过损失。另外,沙特也从美国购买过这种机型,因此不排除伊朗从沙特的手中截获无人机的可能性。

PHOENIX UAV
"不死鸟"无人机（英国）

■ 简要介绍

"不死鸟"无人机是诞生在英国的一种无人机，它装备英国陆军炮兵，以其装在吊舱中的红外观瞄和搜索系统，帮助英军AS-90式155毫米自行榴弹炮和多管火箭发射系统提供定位和识别服务。另外这种无人机还可以用于获得战场情报和侦察用途，为炮团提供侦察照片和数据。

■ 研制历程

英国航空航天公司（现为BAE系统公司）研制"不死鸟"无人机的历程极其不易。1985年开始研制，1986年5月首飞，1991年还参加过海湾战争，但由于技术问题，直至1993年9月才获得英国陆军批准。

生产型"不死鸟"于1994年年初开始交付英国陆军，不幸的是在使用中仍然发现诸多问题，直到1998年12月才进入英国陆军服役。在长达10年的研究发展中，该机共耗费了英国政府近一亿英镑的资金。英国陆军原计划订购200架，但最终只订购了50架。

基本参数	
长度	3.76米
翼展	5.5米
高度	1.67米
空重	157.2千克
最大起飞重量	209.2千克
实用升限	3000米

▲ 地面展示的"不死鸟"无人机

■ 作战性能

"不死鸟"无人机在执行目标截获和监视任务时的任务有效载荷是GEC马可尼航空电子公司的MRT 8型任务转塔系统。热成像转塔沿两轴由陀螺稳定在任务吊舱内,任务吊舱悬挂在机身下并沿无人机滚转轴稳定。转塔内装的碲镉汞长波红外探测器采用英国标准的Ⅱ型热成像通用模块。变焦透镜可连续放大2.5~10倍。在巡航时,它可以前后锁定在即时俯仰方向上。区域搜索则可选择扇形扫描。成像器瞄准线能自动操纵对准无人机飞向目标的方向。任务吊舱内还装有信息处理电子设备、数据传输终端以及吊舱前后的可操纵天线,实现全向覆盖。

▶ "不死鸟"无人机前置发动机和机腹吊舱

■ 知识链接

2003年3月25日,英国和伊拉克部队在伊拉克南部边界的冲突中,伊拉克地面部队打下一架闯入巴士拉市附近的"不死鸟"无人机。这条新闻很快传遍世界。从电视画面可以看到,在一连串的炮弹射向天空之后,只见一架吊在降落伞上的"不死鸟"大肚子朝天摇摇晃晃地落向地面。它成为目前"自由伊拉克"行动中第一次被击落的英国无人机。

WATCHKEEPER UAV
"守望者"无人机（英国）

■ 简要介绍

英国的"守望者"无人机，不仅是一种空中飞行器和发射、回收装置，还包括数据链、地面站、终端和软件，软件涉及图像压缩、互操作和数据共享。"守望者"无人机采用一小、一大两套无人机系统，它们分别基于以色列埃尔比特公司战术无人机"赫姆斯"180无人机和"赫姆斯"450无人机发展而来。

■ 研制历程

英国国防部希望"守望者"是一种战术系统而不是一种单一平台，并能够在全英国军队中服役。"守望者"计划总投资14.6亿美元。最初有美国诺斯罗普-格鲁门公司、泰利斯英国公司、美国洛克希德-马丁公司和英国BAE系统公司四家公司竞标。

2002年2月，诺斯罗普-格鲁门公司和泰利斯英国公司在击败了英国BAE系统公司和洛克希德-马丁公司后获得了系统综合确认阶段的合同。

2004年7月19日，在"英国范堡罗国际航展"上，英国正式宣布泰利斯英国公司为"守望者"无人机计划的获胜者。首架样机在2008年4月进行了首飞。

基本参数	
长度	6.1米
翼展	10.51米
最大起飞重量	450千克
实用升限	5500米

▲ 无人机采用活塞发动机提供动力，使用一个双桨叶推进式螺旋桨

■ **作战性能**

"守望者"无人机起飞和降落能够由地面操作员控制或自动运行。空中飞行器装备全球定位系统、双重计算机和双重数据链。电气系统和航空电子学系统具有内部冗余用于增强可靠性。

▲ 两套无人机可采用两种工作模式，既能够按预先编制计划完全自主地去执行任务，也能在飞行中由地面操作员改变状态

■ **知识链接**

泰利斯英国公司是总部在法国的泰利斯集团的子公司，泰利斯集团创建于1892年，经过百余年的发展，目前已成为法国最大的军工电子企业，是法国汤姆逊集团中主营电子和防务系统产品的分公司，主要从事军用电子设备的设计、生产、销售和维护具体业务，包括以下9个方面：机载系统、航空系统、空中安全与导弹系统、海军系统、通信系统、光导电子设备、信息系统与服务、工程与安全以及航空航天系统。

DASSAULT NEURON UAV
欧洲"神经元"无人机（欧洲）

■ 简要介绍

欧洲"神经元"无人机研制由法国领导，瑞典、意大利、西班牙、瑞士和希腊参与。这种飞机可以在不接受任何指令的情况下独立完成飞行，也可以在复杂飞行环境中进行自我校正。此外，它的飞行速度超过现有一切侦察飞机。2012年11月，"神经元"无人机在法国伊斯特尔空军基地试飞成功，法国国防部称其开创了新一代战斗机的纪元。

该机已在欧洲国家开展了若干飞行试验。在瑞典，进行了对抗瑞典的机载预警系统；在意大利，在撒丁岛进行试飞，收集雷达截面积和红外信号特征数据；它还进行了对抗法国海军舰船舰载传感器的飞行试验，并与法国"戴高乐"号核动力中型航母进行了协同操作试验。

▲ 飞行中的"神经元"演示验证机

■ 研制历程

法国达索航空公司负责项目管理、系统构架设计、飞行控制系统和总装；法国泰利斯公司负责提供数据中继设备和指挥控制接口；瑞典萨伯公司协助达索进行总体设计和试飞工作，并提供中机身、航空电子设备和燃油系统；意大利阿莱尼亚航空公司负责提供发射/投放系统、电气和空速子系统并参与试飞；西班牙航空制造股份有限公司负责提供机翼、数据链和地面站；希腊航宇工业公司负责提供后机身、尾喷管和综合装配架；瑞士RUAG公司负责风洞试验和提供武器发射装置。

基本参数

长度	约10米
翼展	12米
最大起飞重量	7000千克
动力系统	1台"阿杜尔"(Adour)发动机
飞行速度	约为980千米/小时
续航时间	超过3小时

■ **作战性能**

"神经元"无人机是集侦察、监视、攻击于一身的多功能无人作战平台。它能在其他无人侦察机的配合下，反复在敌核生化制造和储存地区进行巡逻、侦察和监视，一旦发现目标便可根据指令摧毁这些目标。

"神经元"无人机具有隐身性能好和突防能力强的优势，能够诱敌暴露目标，然后对其实施快速攻击。与导弹相比，"神经元"无人战斗机可多次重复使用，可以回收或自动着陆，由于装备有高速数据链系统，因而比导弹更加灵活。另外，"神经元"无人机可挂载直接攻击弹药，打击地面目标，其成本远低于"战斧"巡航导弹。

▲ 2014年3月20日，"神经元"演示验证机与"阵风"战斗机和"隼"7X公务机编队飞行

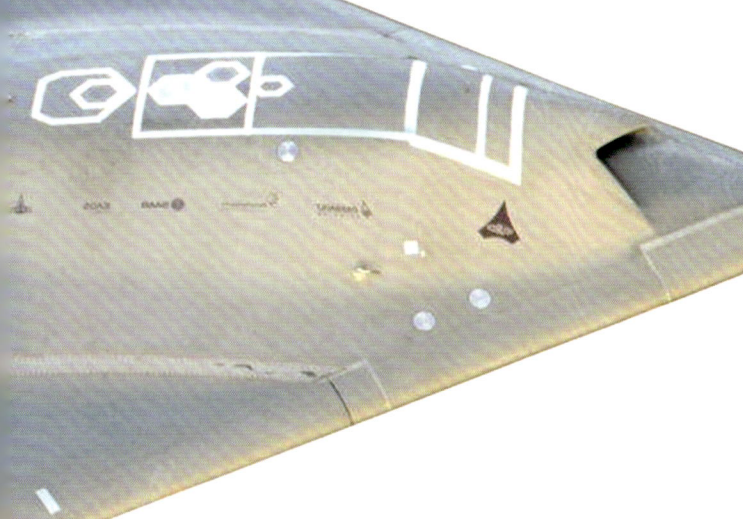

▲ "神经元"演示验证机与"戴高乐"号航母和"阵风"M舰载战斗机进行协同操作试飞

■ **知识链接**

欧洲"神经元"无人机是欧洲研制的第一种隐身作战飞机，它与"幻影2000"相当，显示在雷达屏幕上的"神经元"尺寸不超过一只麻雀。它也是欧洲第一种合作研制的无人战斗机。它还是欧洲第一种完全使用建模与仿真技术设计和开发的作战飞机。

TUPOLEV TU-143
图-143战术无人侦察机（苏联）

■ 简要介绍

图-143是苏联的一种低空战术无人侦察机，它可以在任何气象条件下飞行，既能在平原上空侦察，也能在山区执行任务。回收时，无人机由减速伞降低飞行速度，然后用可伸缩的滑橇着陆。图-143可重复发射回收使用5次，能准确进入敌防空火力杀伤区实施空中侦察，并对空中侦察的质量进行鉴别和总结。因其具备较快的飞行速度和一定的隐身性能，敌防空火力系统很难将它击落。

■ 研制历程

20世纪60年代中期，图波列夫设计局研制图-143无人机。它是根据苏联空军的要求设计制造的，该无人机于1973年投入生产，到1989年共生产了950架。

1973—1989年，图-143低空无人侦察机在苏联军队服役，主要部署在西部边境地区和苏联驻东德、捷克斯洛伐克和蒙古军队。在图-143的基础上，图波列夫设计局还研制出了图-143BM无人驾驶靶机。

基本参数	
长度	8.06米
翼展	2.24米
最大起飞重量	1230千克
动力系统	TRZ-117发动机
最大航速	950千米/小时
实用升限	2000米
最大航程	180千米

▲ 图-143无人侦察机发射车

■ 作战性能

图-143无人机具有很强的机动作战性能,可在距作战前沿阵地75千米处的敌方7个作战地域实施不间断的侦察,可依地形不同而变换15个高度,可在平原和山区实施全天候侦察任务,并对敌地面防空兵器具有很高的防护能力。

根据所担负的任务,图-143前舱可以安装1部PA-1航空照相机,或"凤头麦鸡"航空摄像机或"西格码"无线电侦察设备;中舱安装ABSU-143自动驾驶系统,1部DISS-7多普勒速度与偏流测量仪和1部A-032低空无线电高度表、辐射探测仪、地形测绘雷达等设备。

▲ 发射筒内的图-143无人侦察机

▲ 图-143无人侦察机也可由战术飞机发射

■ 知识链接

图-143具有防细菌沾染和防核辐射沾染的能力。在切尔诺贝利核电站泄漏事故中,图-143曾担负对切尔诺贝利核电站核辐射侦察任务。图-143曾参加叙利亚与以色列的战争。战争期间,尽管以色列情报部门获悉叙利亚军队装备了图-143无人侦察机,却从未发现过它,更不要说击落。

KZO UAV
KZO无人侦察机（德国）

■ 简要介绍

KZO是德国的一种无人侦察机，KZO是德语"小型目标获取飞行器"的缩写。该机可在防区外执行侦察任务，是一种火炮目标定位无人机。它的主要使命是侦察、识别并捕捉敌方远程火力目标，包括远程火炮、火箭炮和战术导弹阵地。KZO的显著特色是，未采用传统飞行器的滑行助飞起飞方式，而是利用箱式一体化储运、发射器，像弹射导弹一样利用助推火箭进行发射，完成任务后也无须通过专用跑道滑行降落，而是利用降落伞着陆。

■ 研制历程

为适应反恐战争新形势，使德国无人机达到国际先进水平，德军方下决心投入巨大人力和财力加紧研制，KZO无人侦察机就是在这种背景下问世的。

20世纪末，德国联邦武器技术发展局与德国陆军签订了研制KZO无人侦察机的合同，研发工作主要由德国阿得拉斯电子系统公司（后并入莱茵金属公司，成为其旗下的防务电子分部）负责。

KZO无人机在德国陆军特种部队和炮兵部队都进行了系统测试，整个测试于2004年年初才基本完成，接着开始部署。到2005年年初，已有6套KZO无人机系统进入德国陆军4个炮兵连服役。

基本参数	
长度	2.28米
翼展	3.42米
动力系统	32千瓦低噪声2叶片螺旋桨发动机
巡航速度	220千米/小时

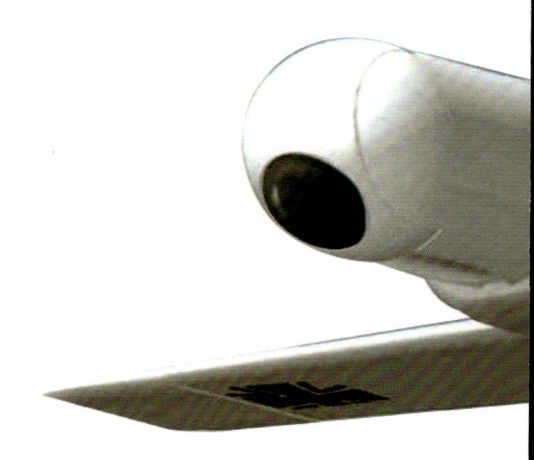

▲ KZO 无人侦察机发射车

■ **作战性能**

　　KZO无人侦察机具有对2000平方千米目标地域的搜索能力。在目标区域内，KZO无人侦察机会不间断地利用毫米波雷达和红外成像装置对区域内目标进行扫描，两种装置在分别获取扫描数据后，采用数据融合技术，综合发挥两种侦察探测手段的优长，以达到提高目标识别准确率的目的。其毫米波雷达可以无视战场雨、雾等天气对侦察探测的影响，而红外成像设备则对背景环境具有较大差异的目标发动机热辐射较为敏感。在识别目标并经地面控制站操作人员确认后，KZO即将目标坐标信息传回后方火力支援平台，平台根据其提供的火力射击参数，向目标发起攻击。

▶ 工作人员维护KZO无人侦察机

▲ 发射KZO无人侦察机

■ **知识链接**

　　一套KZO系统由10架无人机、2套地面设备构成。每套地面设备又包括1部控制站，1具无线数据接收、发送装置，1部储运、发射车，1套加油和故障维护设备。使用时，根据需监视地域的大小确定施放无人机的数量，每架无人机在特定空域徘徊，以保证实时监视整个战场区域，一套地面设备最多可接收来自5架无人机的侦察数据。

IAI HARPY
"哈比"无人攻击机（以色列）

■ 简要介绍

"哈比"是以色列的一种多用途无人攻击机，既可以从卡车上发射，也可以对雷达系统进行自主攻击。其设计目标是攻击雷达系统。可以通过攻击敌方雷达辐射源而压制、攻击和摧毁敌方的防空系统，以打击敌人组织的地面防御。它配备有反雷达感应器和一枚炸弹，接受到敌人雷达探测时，可以自主地对雷达进行攻击，因此被称为"空中女妖"和"雷达杀手"。"哈比"无人机的名字取自希腊神话中的鸟身女妖哈耳庇厄。

■ 研制历程

"哈比"无人机是以色列航空工业公司在20世纪90年代研制的，在1997年的巴黎航展上，"哈比"无人机首次公开亮相。2000年，韩国花费5200万美元引进100架"哈比"无人机。以色列航空工业公司还曾经把"哈比"无人机出售给其他国家，包括土耳其、印度。

▲ "哈比"可以通过攻击敌方雷达辐射源而压制、攻击和摧毁敌方的防空系统

基本参数	
长度	2.08米
翼展	2.1米
高度	0.9米
最大起飞重量	160千克
动力系统	JP8活塞发动机
最大航速	185千米/小时
实用升限	4000米
最大航程	500千米

▼ "哈比"反雷达无人攻击系统由哈比无人机和用于控制和运输的地面发射平台组成。一个基本火力单元由54架无人机、1辆地面控制车、3辆发射车和辅助设备组成。每辆发射车装有9个发射装置，发射箱按照三层三排布置，每个发射箱可装2架无人机，因此一辆发射车装载18架无人机

■ 作战性能

"哈比"无人机可以直接朝着目标区爬升、巡航，通过使用机载全球卫星定位系统自动导航，并能够按照预先确定的模式飞行，搜寻雷达辐射源。它成本低、性能好，并且具有导航精度高、攻击误差小等特点。此外，"哈比"还可根据需要在训练时进行回收，或改装成侦察机或靶机等。因此，使用"哈比"可获得很高的作战效能。"哈比"可对敌防空系统形成长时间的压制和威胁，从而为己方有人攻击机的进攻创造有利战机。其他空袭武器飞行时间均比"哈比"短得多，所以难以做到持续性攻击，而"哈比"却可以快速、连续、主动攻击。

▲ 发射"哈比"无人机。"哈比"无人机采用普通车用汽油或航空汽油作为燃料

■ 知识链接

以色列在1994年把"哈比"无人机以5500万美元的价格出售给中国，按照合同约定，2004年12月"哈比"无人机被运回以色列进行技术升级。这时，美国要求以色列扣住无人机并解除合同。按照美国的说法，"哈比"无人机具有美国技术；但是按照以色列说法，"哈比"无人机是以色列自主设计的。在美国的压力下，2005年，"哈比"无人机没有进行升级，原样返还给中国。

IAI-SEARCHER MKⅡ
"搜索者"MKⅡ无人机（以色列）

■ 简要介绍

"搜索者"MKⅡ是以色列的一种先进的第四代无人机系统，起源于第三代最初的"搜索者"。"搜索者"MKⅡ的制造符合现在和未来挑战，具有极好的发动机和空气动力学性能，优异的部署和操作品质和一个新的先进通用无人机任务地面管制中心，与所有的马拉特系统兼容。

◀ 印军装备的"搜索者"MKII无人机参加印度阅兵

■ 研制历程

以色列飞机工业公司是综合无人机系统整体方案的一个公认的先导者，"搜索者"MKII正是出其手。1998年6月，以色列空军的迷你无人机空军中队接收到了改进的"搜索者"MKII。"搜索者"MKⅡ采用后掠机翼样式，安装一台新的发动机、一套新的导航系统和先进的通信系统。

▲ "搜索者"MKII无人机地面展示

基本参数	
长度	5.85米
翼展	8.55米
高度	1.16米
最大起飞重量	426千克
动力系统	73马力旋缸发动机
实用升限	6000米
最大航程	200千米

■ 作战性能

"搜索者"MKⅡ机载光电侦察设备包括电视摄像机、前视红外仪、激光目标指示器、激光测距仪,安装在机身下部一个可转动的球形壳体内,转动方位角360°,俯仰角-110°~10°。根据侦察任务或执行任务的时间是白天还是夜晚,这些设备可有不同的组合。机上有数据传输设备,可将侦察获得的图像实时传回地面站。

▲ "搜索者"MKⅡ无人机准备起飞

■ 知识链接

现代战争是推动无人机发展的基本动力。世界第一架无人机诞生于1917年,而无人机真正投入作战始于越南战争,主要用于战场侦察。随后,在中东战争、海湾战争、科索沃战争、阿富汗战争、伊拉克战争(第二次海湾战争)等局部战争中,无人机频频亮相、屡立战功。

图书在版编目（CIP）数据

支援战机/吕辉编著.—沈阳：辽宁美术出版社，2022.3
（军迷·武器爱好者丛书）
ISBN 978-7-5314-9127-9

Ⅰ.①支… Ⅱ.①吕… Ⅲ.①军用飞机—世界—通俗读物 Ⅳ.① E926.3-49

中国版本图书馆 CIP 数据核字 (2021) 第 256723 号

出 版 者：	辽宁美术出版社
地 址：	沈阳市和平区民族北街29号 邮编：110001
发 行 者：	辽宁美术出版社
印 刷 者：	汇昌印刷（天津）有限公司
开 本：	889mm×1194mm 1/16
印 张：	14
字 数：	220千字
出版时间：	2022年3月第1版
印刷时间：	2022年3月第1次印刷
责任编辑：	张　玥
版式设计：	吕　辉
责任校对：	郝　刚
书 号：	ISBN 978-7-5314-9127-9
定 价：	99.00元

邮购部电话：024-83833008
E-mail：53490914@qq.com
http：//www.lnmscbs.cn
图书如有印装质量问题请与出版部联系调换
出版部电话：024-23835227